INTRODUÇÃO À ANÁLISE DE AGRUPAMENTOS

FERNANDO FREI

INTRODUÇÃO À ANÁLISE DE AGRUPAMENTOS: TEORIA E PRÁTICA

Editora
UNESP

© 2006 Editora UNESP

Direitos de publicação reservados à:
Fundação Editora da UNESP (FEU)

Praça da Sé, 108
01001-900 – São Paulo – SP
Tel.: (0xx11) 3242-7171
Fax: (0xx11) 3242-7172
www.editoraunesp.com.br
feu@editora.unesp.br

CIP – Brasil. Catalogação na fonte
Sindicato Nacional dos Editores de Livros, RJ

B28f

Barbosa, Carlos Alberto Sampaio, 1966-
    A fotografia a serviço de Clio: uma interpretação da história visual da Revolução Mexicana (1900-1940) / Carlos Alberto Sampaio Barbosa. São Paulo: Editora UNESP, 2006.
    principalmente il;

    Anexos
    Inclui bibliografia
    ISBN 85-7139-673-6

    1. México - História - Revolução, 1900-1940 - Obras ilustradas. 2. México - História - Obras ilustradas. 3. México - Condições sociais - Obras ilustradas. 4. Revolucionários - México - Obras ilustradas. I. Título.

06-2814.   CDD 972.081
                             CDU 94(72)"1900-1940"

Este livro é publicado pelo projeto Edição de Textos de Docentes e Pós-Graduados da UNESP – Pró-Reitoria de Pós-Graduação da UNESP (PROPG) / Fundação Editora da UNESP (FEU)

Editora afiliada:

Asociación de Editoriales Universitárias de América Latina y el Caribe

Associação Brasileira das Editoras Universitárias

Sumário

Prefácio

Este livro, cujo conteúdo foi elaborado para servir como guia prático para estudantes universitários de diferentes áreas, apresenta a estrutura conceitual e metodológica do instrumental estatístico da Análise de Agrupamentos com aplicações na área de epidemiologia.

Análise de Agrupamentos é o nome dado a um conjunto de procedimentos que busca reunir objetos em grupos homogêneos.

Visando a ser claro, este livro está divido em 7 capítulos. No primeiro, discorre-se sobre a importância da Análise de Agrupamentos, suas aplicações e principais características. No segundo, apresento como são construídas as medidas de similaridade ou distância para cada tipo de escala.

As representações gráficas dos objetos envolvidos na análise estão descritas no terceiro capítulo.

O Capítulo 4 aborda as estruturas dos dois principais métodos de agrupamentos: o hierárquico e o não-hierárquico. São apresentados exemplos numéricos para facilitar o entendimento das estruturas abordadas.

Alguns procedimentos, que auxiliam a tomada de decisão quanto à escolha do número de grupos e estabilidade dos objetos nesses grupos, serão vistos no quinto capítulo.

No Capítulo 6 apresento os principais passos operacionais da Análise de Agrupamentos usando o *software* SPSS para ambiente

Windows, oferecendo aos estudantes universitários um simplificado guia computacional.

No Capítulo 7, são apresentadas três aplicações da metodologia da Análise de Agrupamentos. A primeira aborda o estudo sobre mortalidade violenta, o qual utiliza a Análise de Agrupamentos para agrupar 42 regiões de governo do estado de São Paulo (interior), considerando-se variáveis de industrialização e urbanização. A segunda aplicação prática se refere ao trabalho realizado no município de Embu (SP), em 1996, cujo objetivo é analisar as condições de vida e padrão de uso dos serviços básicos de saúde desse município. Para isso, 135 setores censitários foram agrupados em quatro estratos para posterior sorteio de uma amostra e análise. A terceira aplicação se refere à análise de 60 sujeitos quanto ao diagnóstico de Lesões por Esforços Repetitivos (L.E.R.). Esta investigação procura verificar se as características de psicomotricidade fornecem subsídios para um diagnóstico diferencial de portadores e não portadores de L.E.R.

1
INTRODUÇÃO

Reunir objetos similares em determinados grupos é uma atividade humana importante. Importante e necessária, uma vez que essa atividade nos possibilita a organização. Tanto é assim que, no dia-a-dia, ela é parte da nossa instrução. A classificação é um resumo das informações obtidas. As classes, ou grupos produzidos, reúnem objetos ou indivíduos com pelo menos uma característica em comum. Desta forma, classificamos os sabores de nossas refeições em doces e salgadas, organizamos alunos em estudantes de Biológicas, Exatas e Humanas, veículos são classificados em caros e baratos, etc.

No século XVIII, Linnaeus e Sauvages produziram uma extensa classificação de animais, plantas, minerais e doenças conforme Kaufman & Rousseeuw (1990). Aristóteles (384-322 a.C.) já havia construído um elaborado sistema de classificação das espécies animais, o qual dividia os animais em dois principais grupos: os que tinham sangue vermelho, correspondendo, aproximadamente, aos nossos vertebrados, e os que não tinham sangue, os invertebrados, relatam Dunn & Everitt (1982).

Existe uma extensa variedade de métodos, a que denominamos Análise de Agrupamentos, que procuram elaborar critérios para agrupar objetos (entenda por objetos, seres humanos, animais, plantas, municípios etc.). São técnicas estatísticas multivariadas, com conotação exploratória. Dessa forma, dada uma amostra de n objetos, cada um deles medido segundo p variáveis, procura-se um esquema de classificação que agrupe os objetos em k grupos (*apud* Bussab, 1990). Os objetos são mensurados nas diversas variáveis de interesse fornecendo uma matriz de dados de n objetos por p variáveis, a qual será manuseada através de algoritmos para a obtenção dos grupos homogêneos. A similaridade entre os objetos é obtida através de coeficientes específicos para cada tipo de variável (discreta, contínua, binária etc.).

Atualmente, aplica-se a Análise de Agrupamentos nas mais diversas áreas. Os resultados deste conjunto de técnicas podem contribuir para a definição de um esquema formal de classificação, como ocorre na área de taxonomia; podem também sugerir um conjunto de regras para classificar novos objetos em novas classes com fins de diagnósticos; apresentar sugestões de modelos estatísticos para descrever populações; encontrar objetos que representem grupos ou classes. Enfim, são diversas as aplicações.

Um grande rol de aplicações utiliza a Análise de Agrupamentos para reunir regiões geográficas. Por exemplo, o trabalho *Mortalidade por neoplasias no Brasil (1980/1983/1985): agrupamentos dos Estados, comportamento e tendências* de Pinto & Curi (1991) identifica grupos de estados brasileiros em função da mortalidade por tipo de neoplasia; dessa maneira, estados como São Paulo, Rio de Janeiro e Rio Grande do Sul formam um grupo homogêneo no que se refere à presença de alguns tipos específicos de neoplasias. Outro trabalho semelhante – *Mortalidade devido a causas violentas no estado de São Paulo* de Frei & Prado (1994) – utiliza a Análise de Agrupamento para reunir, por meio de variáveis de industrialização e urbanização, 42 Regiões de Governo do Estado de São Paulo, com o objetivo de analisar o comportamento dos grupos formados em relação às variáveis de mortalidade violenta. (Este trabalho será abordado no capítulo que trata das aplicações.)

Além desses tipos de aplicação, a Análise de Agrupamento também pode ser útil na área de amostragem para formação de estratos. Esse é o caso do trabalho *Saúde infantil e serviços básicos de saúde –*

município de Embu, 1996 – Condições de vida e padrão de uso dos serviços básicos de saúde, de Silva *et al* (1996), que, após obtenção de quatro estratos utilizando Análise de Agrupamentos, estuda vários indicadores de saúde, o que permite traçar estratégias para elaboração das políticas públicas de saúde. (Esse trabalho também será abordado no capítulo das aplicações.)

Outra linha de aplicação da Análise de Agrupamentos na área de saúde pública é aquela que procura obter subgrupos de indivíduos na população com riscos em relação a determinados agravos para possíveis prevenções. O trabalho de Mayer, Taylor e Thrush (1990, pp. 377-389) e de Carayon (1984, pp. 311-322) são exemplos desse tipo de aplicação.

Profissionais de outras áreas também utilizam a Análise de Agrupamentos em diversas situações. Veja, a seguir, alguns exemplos:

- **Psicólogos clínicos** reúnem indivíduos com determinados comportamentos para identificar síndromes associadas ao autismo.
- **Botânicos** agrupam plantas com o objetivo de descrever a comunidade ecológica local, de maneira a indicar áreas para o desenvolvimento ou conservação da agricultura ou métodos para a prevenção da erosão do solo.
- **Entomologistas** utilizam a Análise de Agrupamentos para realizar a taxonomia de diversas espécies.
- **Antropólogos** revelam diferenças genéticas entre gêneros humanos ancestrais com Análise de Agrupamentos e, dessa forma, reconstroem a evolução desses gêneros.
- **Institutos de pesquisa** agrupam áreas geográficas segundo indicadores de mortalidade, sociais ou econômicos, para realizar estudos de ações públicas específicas.
- **Pesquisadores** definem áreas geográficas homogêneas para construir estratos com o objetivo de utilizá-los em metodologias de amostragem.
- **Economistas** agrupam empresas.
- **Analistas de mercado** agrupam cidades, residências e consumidores, com o objetivo de determinar estratégias de vendas.

- **Astrônomos** agrupam estrelas e galáxias, buscando teorias sobre as origens e evolução dos sistemas estelares.
- **Lingüistas** agrupam idiomas e dialetos, descrevendo a evolução semântica.

Devido ao grande número de métodos e à diversidade de nomenclatura existente, essa técnica tem sido pouco compreendida se comparada com outras técnicas multivariadas como, por exemplo, a Análise Fatorial, relatam Aldenderfer & Blashfield (1986).

Em relação à nomenclatura, pode-se arrolar uma série de sinônimos para designar a Análise de Agrupamentos (*Cluster Analysis*), como Taxionomia Numérica (*Numerical Taxonomy*), Nosologia (*Nosology*), Classificação (*Classification*), Classificação Automática (*Automatic Classification*), Análise Tipológica (*Typological Analysis*), Análise de Objetos (*O-Analysis*) etc.

Além dessas denominações para a mesma técnica, existem ainda algumas formas de nomenclatura para os objetos a serem agrupados. Os objetos também recebem diferentes nomes: sujeito, unidade taxionômica operacional (OTU, usada com freqüência na área biológica), indivíduo etc. Apesar de a terminologia passar a idéia de que os objetos a serem agrupados constituem uma única unidade, a concepção é mais ampla, já que esta unidade pode ser constituída por várias outras.

Como se não bastasse a diversidade de nomenclatura para a técnica, existem diversos algoritmos. Alguns possuem mais de um nome; por exemplo o *Single Linkage,* que também é conhecido como *Nearest Neighbor* (no Brasil é chamado de Método do Vizinho mais Próximo), ou do algoritmo *Complete Linkage* (Vizinho mais Distante), chamado também de *Furthest Neighbor*.

Um outro equívoco a respeito da técnica da Análise de Agrupamentos é a utilização da nomenclatura Classificação. Esta é uma técnica que tem por objetivo alocar novos objetos em classes preestabelecidas, segundo estruturas já conhecidas. O mesmo não ocorre com a Análise de Agrupamentos, que procura definir as classes e caracterizá-las, precedendo, portanto, à Classificação.

Como mencionado anteriormente, existem diversos algoritmos, e muitos deles podem ser aplicados à mesma situação, produzindo, às vezes, diferentes resultados. Esse é um dos grandes problemas com o qual nos deparamos quando utilizamos a Análise de Agrupamentos. Assim, a escolha do algoritmo a ser usado é de grande importância. Precedendo essa escolha, há uma outra também muito importante: o coeficiente de similaridade a ser empregado.

Apesar de a Análise de Agrupamentos ter seu desenvolvimento na década de 1930 – a descrição inicial foi formulada por Tryon em 1939 –, o maior estímulo para o seu desenvolvimento foi o livro *Princípios de taxionomia numérica*, dos biólogos Sokal e Sneth, conforme Aldenderfer & Blashifield (1984). Acrescenta-se a esse estímulo o desenvolvimento da informática. Antes dos computadores, a dificuldade de cálculos era bastante grande, e a manipulação de matrizes era muito dispendiosa, tanto em relação ao tempo quanto ao trabalho.

Mas, se quisermos apresentar, resumidamente, os principais passos para a realização da Análise de Agrupamentos, eles são os seguintes:

- Passo 1 – Obtenção da matriz de dados;
- Passo 2 – Padronização da matriz de dados (se necessário);
- Passo 3 – Cálculo da matriz de distância similaridade;
- Passo 4 – Utilização do(s) método(s) de agrupamento(s);
- Passo 5 – Decisão do número de grupos.

2
MEDIDAS DE SIMILARIDADE

Os métodos estatísticos procuram organizar os objetos em grupos homogêneos, aplicando, para isso, o conceito de similaridade.

A similaridade é obtida por meio de coeficientes. E a escolha do coeficiente de similaridade depende da escala de mensuração da variável. Assim, o tratamento dado às variáveis de escalas intervalares é diferente do tratamento dado às variáveis nominais, ressaltam Sneath & Sokal (1973). Por essa razão, neste livro serão abordados os principais coeficientes de similaridade para as diversas escalas de mensuração.

Suponhamos n objetos a serem agrupados: seres humanos, animais, palavras, regiões etc. A entrada dos dados é representada por uma matriz composta por n linhas e p colunas ($n \times p$), em que n representa os objetos e p as medidas das variáveis analisadas.

A definição da matriz de dados brutos ($n \times p$) é o primeiro passo para a obtenção da matriz de similaridades $n \times n$, em que a intersecção de linha e coluna mostra a similaridade de dois objetos. Consideram-se dois tipos de similaridades: similaridade propriamente dita, que mede quão semelhantes são dois objetos, e a dissimilaridade, que mede quão diferentes são dois objetos. Dessa forma, quanto maior o valor obtido pela similaridade, mais semelhantes serão os objetos; e, para dissimilaridade, quanto maior o valor obtido, menor a semelhança.

Os coeficientes apresentados a seguir são os mais utilizados, considerando-se o ponto de vista prático e computacional. Devemos acrescentar ainda que alguns métodos podem trabalhar diretamente com a matriz de dados brutos $(n \times p)$, como será visto posteriormente.

Escalas intervalares

Na situação em que n objetos são mensurados através de p variáveis contínuas, as medidas n e p podem ser organizadas em uma matriz de dados brutos $(n \times p)$, em que as n linhas correspondem aos objetos e as p colunas, às variáveis. Quando a f-ésima medida do i-ésimo objeto é denotada por x_{if} (em que $i = 1,..., n$ e $f = 1,..., p$), a matriz é dada pela seguinte forma:

$$\begin{bmatrix} x_{11} \ldots\ldots x_{1f} \ldots\ldots x_{1p} \\ \vdots \qquad \vdots \qquad \vdots \\ x_{i1} \ldots\ldots x_{if} \ldots\ldots x_{ip} \\ \vdots \qquad \vdots \qquad \vdots \\ x_{n1} \ldots\ldots x_{nf} \ldots\ldots x_{np} \end{bmatrix}$$

O coeficiente mais utilizado para dois objetos i e j, fixados para este tipo de escala, é a distância euclidiana, que fornece a dissimilaridade, dada por:

$$d_{ij} = \sqrt{\sum_{f=1}^{p} \left(x_{if} - x_{jf}\right)^2} \qquad [2.1]$$

fórmula que corresponde à distância geométrica dos pontos de coordenadas $(x_{i1},...,x_{ip})$ e $(x_{i1},...,x_{jp})$. Quando os dados estiverem padronizados, substitui-se x por x' nessa expressão.

Outra distância conhecida é a *city block* ou *Manhattan* definida por:

$$d_{ij} = \sum_{f=1}^{p} \left|x_{if} - x_{jf}\right| \qquad [2.2]$$

Outras distâncias podem ser construídas com base na distância euclidiana, como:

$$d_{ij} = \sqrt{\sum_{f=1}^{p} W_p \left(x_{if} - x_{jf}\right)^2} \qquad [2.3]$$

na qual cada variável recebe um peso W, de acordo com sua importância.

Quando calculamos a distância entre objetos, freqüentemente não encontramos uma medida para um ou mais objetos (*missing values*). No entanto, se os dados estiverem padronizados, o valor médio da f-ésima variável pode ser utilizado para completar a variável. Outra possibilidade é a de excluir o objeto da análise.

Padronização

A padronização evita que as unidades escolhidas para mensurar as variáveis possam afetar a similaridade entre os objetos. Assim, as variáveis contribuem, de forma mais igualitária, para a similaridade entre os objetos. Por exemplo, se a amplitude dos valores de um atributo é muito maior que a amplitude de um segundo atributo, então o primeiro atributo irá contribuir com um peso maior para a similaridade entre os objetos relata Romesburg (1984).

A função mais conhecida e usada para padronizar as variáveis é dada por:

$$Z_{if} = \frac{x_{if} - \overline{x}_f}{s_f} \qquad [2.4]$$

em que $\overline{x}_f$ e s_f representam, respectivamente, a média e o desvio padrão dos valores da variável f.

Dessa maneira todas as variáveis padronizadas deixarão de ter unidade. Assim, caso a variável tenha sido mensurada em centímetros, esta unidade desaparecerá, pois o numerador e o denominador de 2.4 também são em centímetros.

Tomemos o exemplo:

Tabela 1 – Variáveis originais e padronizadas.

Objeto	Variável 1 (X1)	Variável 1 Padronizada (Z1)	Variável 2 (X2)	Variável 2 Padronizada (Z2)
A	550	1,08	01	-1,05
B	450	0,63	02	-1,01
C	400	0,41	30	0,16
D	100	-0,95	45	0,78
E	50	-1,17	53	1,12

Utilizando-se a distância euclidiana não padronizada para os objetos A e B, nota-se que o primeiro atributo contribui mais para o coeficiente de dissimilaridade

$$(d_{AB} = \sqrt{(550-450)^2 + (1-2)^2} = \sqrt{10000+1} \cong 100)$$

com esse procedimento, os objetos B e C estariam mais próximos. A utilização da padronização evita que a escala possa interferir no agrupamento; então, para os mesmos objetos, teríamos

$$d_{AB} = \sqrt{(1.08-0.63)^2 + (-1.05+1.01)^2} = \sqrt{0.2+0.001} \cong 0.45.$$

As matrizes de distâncias para as duas situações, sem padronização e com padronização, são apresentadas, respectivamente, a seguir:

$$\mathbf{D} = \begin{array}{c} A \\ B \\ C \\ D \\ E \end{array} \begin{bmatrix} 0 & & & & \\ 100 & 0 & & & \\ 153 & 57 & 0 & & \\ 452 & 353 & 300 & 0 & \\ 503 & 403 & 351 & 51 & 0 \end{bmatrix}$$

$$Z = \begin{array}{c} A \\ B \\ C \\ D \\ E \end{array} \begin{bmatrix} 0 & & & & \\ 0.45 & 0 & & & \\ 1.38 & 1.19 & 0 & & \\ 2.73 & 2.39 & 1.49 & 0 & \\ 3.12 & 2.79 & 1.85 & 0.40 & 0 \end{bmatrix}$$

Pela comparação das matrizes verifica-se que, sem a padronização, os objetos B e C estariam mais próximos (d = 57) do que os objetos A e B (d = 100). Quando realizamos a padronização, essas relações se invertem, B e C d = 1.19 e A e B d = 0.45.

Veja, a seguir, outros tipos de funções de padronização.

Quando todos os x_{if} são positivos, é possível padronizar os valores em proporções do tipo $0.0 < Z_{if} \leq 1$, como indicado por Cain e Harison *apud* Sneath e Sokal (1973):

$$Z_{if} = \frac{X_{if}}{X_{MAXf}} \qquad [2.5]$$

O valor X_{MAXf} é o maior para a variável f.

Outra função de padronização é dada por:

$$Z_{if} = \frac{X_{if} - X_{MIN_f}}{X_{MAX_f} - X_{MIN_f}} \qquad [2.6]$$

Observa-se que as funções vistas até agora dependeram apenas dos valores das variáveis f (colunas). Mas também é possível padronizar a matriz de dados através de funções correspondentes que utilizam valores dos objetos (linhas). Assim, teremos uma função correspondente para 2.6, dada por:

$$Z_{if} = \frac{X_{if} - X_{MIN_i}}{X_{MAX_i} - X_{MIN_i}} \qquad [2.7]$$

A expressão 2.7 diferencia-se da 2.6 pelo fato de que utiliza, para realizar a padronização, os maiores e menores valores de cada objeto i (X_{MAX_i}, X_{MIN_i}).

As funções de padronização apresentadas são as mais utilizadas, no entanto a literatura descreve outras funções. Independentemente disso, o profissional da área de saúde deve sempre atentar para as escalas usadas na mensuração dos atributos, e usar, quando necessário, a função de padronização mais adequada.

Escalas nominais

Nesse tipo de mensuração, os objetos são dispostos pura e simplesmente em categorias, sem apresentar uma seqüência ordenada. Em geral, indica-se o número de categorias por M e os resultados são codificados por 1,2,3,..., M.

As escalas binárias – um caso importante pela multiplicidade de situações – são caracterizadas pela ocorrência das variáveis nominais com apenas dois atributos; por exemplo, masculino/feminino, fumante/não-fumante, sim/não etc. Ao proceder-se a análise dessas variáveis é usual apresentar as duas categorias exaustivas e mutuamente exclusivas com os códigos 1, para presença do atributo, e 0, para a ausência.

A disposição dos dados obedece a uma matriz $n\times p$, mas é freqüente a disposição dos dados em uma tabela 2×2 para dois objetos fixados, i e j:

objeto j

		1	0	
objeto i	1	a	b	$a+b$
	0	c	d	$c+d$
		$a+c$	$b+d$	p

Na tabela 2×2 acima, a é o número de variáveis iguais a 1 para ambos os objetos; analogamente, b é o número de variáveis f para qual $x_{if} = 1$ e $x_{if} = 0$, e assim por diante. O número total de variáveis é representado por $a + b + c + d = p$.

As variáveis binárias podem ser enumeradas como simétricas e não-simétricas.

As variáveis binárias simétricas não possuem preferência na codificação (caso da variável sexo); o resultado não sofre alterações quando os códigos são modificados, assim a e d têm a mesma função.

O mais conhecido coeficiente de similaridade para variáveis binárias simétricas é o *simple matching*, que fornece a proporção de pares similares:

$$s_{ij} = \frac{a+d}{p} \qquad [2.8]$$

O resultado de S_{ij} varia de 0 a 1: zero quando dois objetos, i e j, não apresentam similaridade para qualquer variável p, e 1 no caso de similaridade para todas as variáveis p.

Por meio da tabela 2×2, obtém-se a dissimilaridade indicada por

$$d_{ij} = \frac{b+c}{p} \qquad [2.9]$$

Outros coeficientes são propostos, como:

$$S(RT) = \frac{a+d}{(a+d)+2(b+c)} \quad \text{Rogers e Tanimoto (1960)} \qquad [2.10]$$

$$S(SS) = \frac{2(a+d)}{2(a+d)+(b+c)} \quad \text{Sokal e Sneath (1963)} \qquad [2.11]$$

O outro tipo de variável binária é a assimétrica, cuja codificação usa o número 1 para indicar a presença do atributo e o 0 para a ausência (na área de saúde, 1 indica a presença do agravo e 0, a ausência). A modificação desta codificação altera os resultados. Por essa razão, deve-se utilizar coeficientes específicos para essa mensuração; indivíduos com códigos 1-1 indicam semelhança, mas indivíduos 0-0 não indicam, necessariamente, semelhança. Para os casos em que os pares 0-0 não indicam similaridade, usam-se coeficientes apropriados, como segue:

$$S_{ij} = \frac{a}{b+c+d} \quad \text{(Coeficiente de Jaccard)} \qquad [2.12]$$

$$S_{ij} = \frac{2a}{2a+b+c} \qquad [2.13]$$

$$S_{ij} = \frac{a}{a+2(b+c)} \qquad [2.14]$$

$$S_{ij} = \frac{a}{p} \qquad [2.15]$$

Escalas ordinais

Uma variável nominal que apresenta as M categorias ordenadas em função de uma grandeza contextual é chamada de variável ordinal; os códigos $1,2,3,4,\ldots, M$ não são arbitrários. Podem-se obter variáveis ordinais pela partição do eixo contínuo através de um número finito de classes. Essa partição geralmente é feita pelo cálculo de certos quantis e, nesse caso, diz-se que a variável original foi artificialmente ordenada.

Como exemplo, é possível citar a ordenação da variável estatura para os dados da Tabela 2, utilizando-se o 25°, 50° e 75° percentil. Assim, teríamos quatro categorias: de indivíduos com estatura abaixo do valor 166 cm, entre 166 cm e 170 cm, entre 170 cm e 180 cm e acima de 180 cm.

Tabela 2 – Estatura de dez sujeitos.

Sujeito	Estatura (cm)	Sujeito	Estatura (cm)
1	170	6	166
2	177	7	188
3	180	8	166
4	190	9	170
5	155	10	172

E, inversamente, diversos autores aconselham tratar os postos como variáveis intervalares aplicando as fórmulas usuais, como euclidiana ou *Manhattan*, para a obtenção de similaridades, relatam Kaufman & Rousseeuw (1990). Antes, porém, desse artifício, é necessário verificar se as variáveis possuem categorias diferentes. Caso isso ocorra, é aconselhável converter todas as variáveis em estudo para o intervalo 0-1. Essa conversão pode ser efetuada pela substituição do posto r_{if} do i-ésimo objeto na f-ésima variável por:

$$z_{if} = \frac{r_{if} - 1}{M_f - 1} \qquad [2.16]$$

em que M_f é o maior posto para a variável f. Desta forma os z_{if} estarão entre 0 e 1.

Escalas de razão

A variável intervalar integra a idéia de unidade arbitrária, postulada em um contexto, razão pela qual não valem os conceitos de dobro, triplo etc. A escala intervalar em que existem os conceitos de dobro, triplo etc. é chamada de escala de razão.

Como uma escala de razão é o mais poderoso tipo de escala de medida, segue-se que todas as variáveis nessa escala podem ser tratadas com as operações específicas dos outros tipos de escalas. Dessa forma, os mesmos coeficientes descritos anteriormente se aplicam neste tipo de escala.

Como foi visto anteriormente, a especificidade dos coeficientes de similaridade está associada à mensuração das variáveis. Entretanto, em muitas situações práticas, nos deparamos com um conjunto de dados provenientes de variáveis com mensurações diferentes; assim, neste mesmo conjunto, teríamos variáveis intervalares, binárias etc. A solução para essa situação pode surgir quando se tratam todas as variáveis como se fossem variáveis com escalas intervalares ou binárias. Essa não é a solução mais adequada, pelo fato da perda de informações que tal procedimento acarreta. O procedimento indicado nessa situação é a utilização do coeficiente de Gower, que pode ser aplicado para qualquer tipo de mensuração, definido como:

$$S_G = 1 - d(i,j) \qquad [2.17]$$

$$\text{em que} \quad d(i,j) = \frac{\sum_{f=1}^{p} W_{ij}.d_{ij}}{\sum_{f=1}^{p} W_{ij}}$$

O coeficiente de Gower é obtido para dois objetos i e j para a variável f. O peso W_{ij} é igual a 1 quando ambas as medidas x_{if} e x_{jf} são conhecidas para a f-ésima variável e igual a 0 caso uma ou mais medidas sejam desconhecidas. Entretanto W_{ij} é igual a 0 quando a variável f é binária assimétrica e os objetos i e j constiuem um par de 0-0.

O valor de d_{ij} é a contribuição da f-ésima variável para a dissimilaridade entre i e j. Assume-se que x_{if} e x_{jf} sejam conhecidos; caso contrário, d_{ij} não é computado. Se a variável é binária ou nominal então d_{ij} é definido por:

$$d_{ij} = \begin{cases} 1 \; se \; x_{if} = x_{jf} \\ \\ 0 \; se \; x_{if} \neq x_{jf} \end{cases}$$

Se todas as variáveis são nominais, $d(i,j)$ é obtido pela aplicação do coeficiente *simple matching*. Caso os dados sejam provenientes de variáveis binárias assimétricas, obtém-se o coeficiente de Jaccard, já que os pares 0-0 não são computados.

Para variáveis de escalas intervalares, d_{ij} é dado por:

$$d_{ij} = \frac{|x_{if} - x_{jf}|}{R_f} \qquad [2.18]$$

em que $R_f = \max_h x_{hf} - \min_h x_{hf}$, para h percorrendo todos os objetos, exceto os desconhecidos (*missing*), da variável f. Portanto, o valor de R_f é sempre um número entre 0 e 1.

No caso de variáveis ordinais, estas são substituídas pelos seus postos, após o qual d_{ij} é aplicado. Variáveis cujas escalas são de razão podem ser tratadas como intervalares: elas podem ser convertidas usando-se seus postos ou aplicando-se a transformação logarítmica. Neste caso d_{ij} pode ser aplicado.

Através do coeficiente de Gower, tomando-se o cuidado necessário em função das diversas escalas, as diferentes variáveis fornecem a matriz de similaridade.

Coeficientes de correlação

Os coeficientes de correlação, segundo Aldenderfer e Blashfield, são bastante usados para medir similaridade em Ciências Sociais. São utilizados para medir a correlação entre duas variáveis, mas têm sido usados para o agrupamento de objetos. O coeficiente mais conhecido é o de Pearson, definido por

$$R(f,k) = \frac{\sum_{i=1}^{n}\left(x_{if} - \overline{x}_f\right).\left(x_{ik} - \overline{x}_k\right)}{\sqrt{\sum_{i=1}^{n}\left(x_{if} - \overline{x}_f\right)^2} \cdot \sqrt{\sum_{i=1}^{n}\left(x_{ik} - \overline{x}_k\right)^2}} \qquad [2.19]$$

e usado quando as variáveis são medidas em escala de razão ou intervalar.

Como alternativa ao coeficiente de Pearson, surge o coeficiente de Spearman, usado quando os dados são ordinais. Ambos os coeficientes fornecem valores entre -1 e 1, e não dependem da mensuração escolhida, são descritos como medidas da forma.

A utilização destes coeficientes é limitada, pois não leva em consideração a dispersão dos objetos. Dessa forma, quando se analisam dois objetos com relação às suas variáveis, o coeficiente de correlação pode produzir um valor +1, o que não indica, necessariamente, que estes objetos sejam idênticos, como mostra a Figura 1.

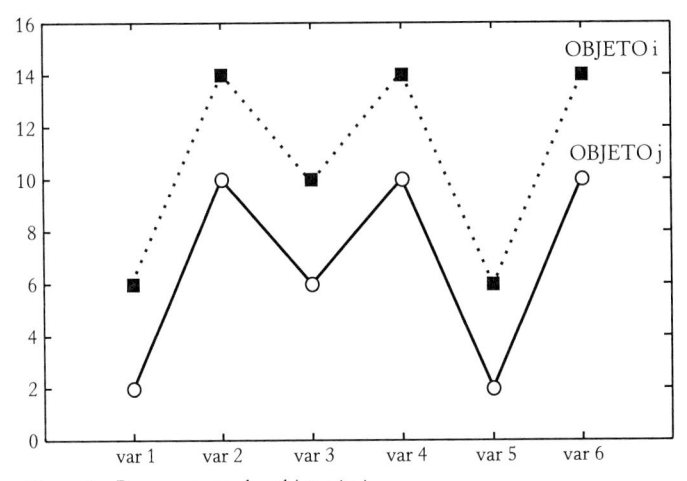

Figura 1 – Representação dos objetos i e j.

Deve-se usar e interpretar esses coeficientes em situações particulares, casos em que a forma tem grande importância. Por exemplo, em taxonomia, a classificação de plantas e animais, a dimensão de organismos ou parte deles, é menos importante que suas formas, como sugerem Dunn & Everitt (1982).

3
REPRESENTAÇÃO GRÁFICA

A visualização dos resultados obtidos é uma importante etapa da Análise de Agrupamentos, pois além de ilustrar a relação entre os objetos, facilita a percepção da formação dos grupos.

A representação gráfica pode ser efetuada em duas ou três dimensões. Essa última será abordada superficialmente, uma vez que a maioria dos *softwares* além de não conter esse tipo de representação ela não é muito clara.

Dendograma

Os resultados têm sido tradicionalmente apresentados por meio de dendograma (árvore) que, pelo fato de ser bidimensional, facilita a interpretação relatam Sneath & Sokal (1973). Este tipo de representação é padrão nos *softwares* estatísticos.

A abscissa é graduada com os resultados de similaridade ou dissimilaridade na qual os grupos são baseados (é possível utilizar a ordenada para indicar a gradação das medidas). Os objetos são unidos por linhas paralelas, às quais chamamos de colchetes, ao eixo das abscissas; o topo do colchete indica a similaridade dos objetos por ele agrupado.

A Figura 1 mostra um dendograma com dez objetos. Para o agrupamento destes, usou-se as distâncias euclidianas, indicadas na abscissa. Observa-se, por exemplo, que os objetos H e A, unidos pelo colchete, são os mais similares (distância euclidiana igual a 1). Os objetos (G e F) e D, que estão agrupados se unem ao grupo H e A, formando um grupo maior. O mesmo raciocínio é usado para os objetos J e I, C e B e o objeto E, que se une aos quatro objetos citados.

Pode-se, por meio desta representação, vislumbrar que os objetos dividem-se em dois grandes grupos, o primeiro com J, I, C, B e E, e o segundo grupo com H, A, D, G e F, este último mais homogêneo que o primeiro.

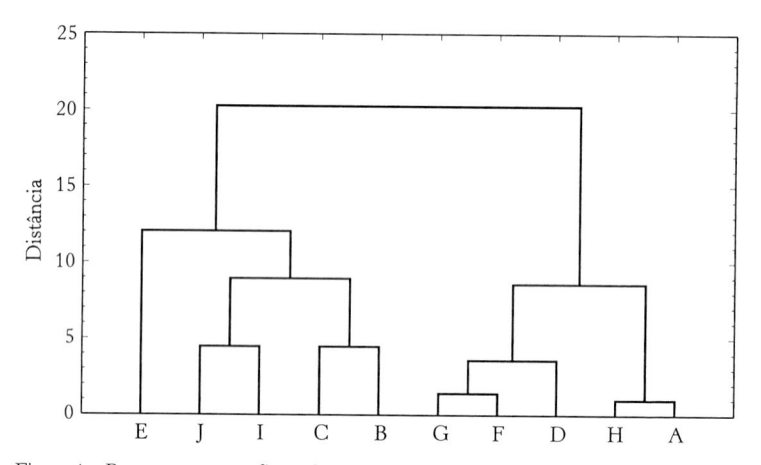

Figura 1 – Representação gráfica – Dendograma.

Sombra

Uma outra maneira de representar os resultados graficamente é por meio de sombra (*shaded*), baseada na matriz de similaridade.

A Figura 2 mostra o cruzamento entre os objetos, por meio de pequenos quadrados hachurados em função da similaridade do objeto com os demais. O cruzamento do objeto com ele mesmo naturalmente apresenta a maior similaridade; nesse caso, o quadrado está totalmente preenchido (quadrado negro). Assim, temos a diagonal principal com quadrados negros (o objeto com ele mesmo). Organizando os objetos através de suas similaridades, podemos obter os agrupamentos através do sombreamento (Figuras 2 e 3). Observa-se que os objetos 3, 6, 20, 11 e 17 formam o agrupamento *a1*, os objetos 24, 1, 10, 15 e 2 formam o *a2*, que, unido ao *a1*, forma um grupo maior chamado *a*.

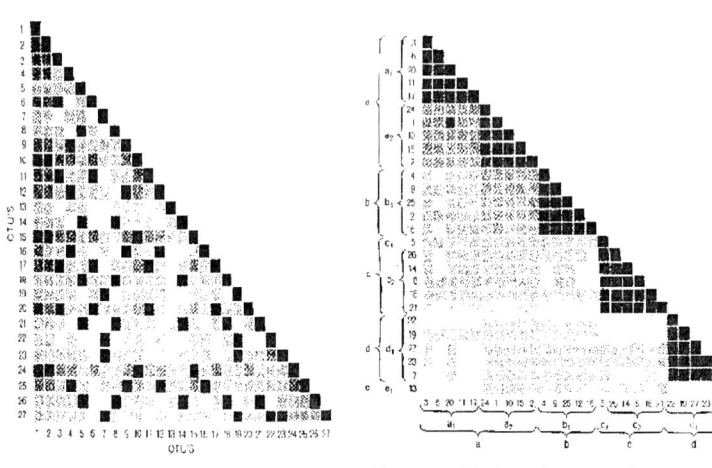

Figura 2 – Hachurados.   Figura 3 – Hachurados agrupados.

Contorno

Uma terceira maneira de representar os resultados é pelo contorno como indica a Figura 4. É possível observar que quanto menor o diâmetro do círculo, que representa um objeto, maior a proximidade de outro círculo (objetos 7 e 8). O dendograma (v. Figura 5), abaixo do contorno (v. Figura 4), é usado para possibilitar a comparação do mesmo agrupamento.

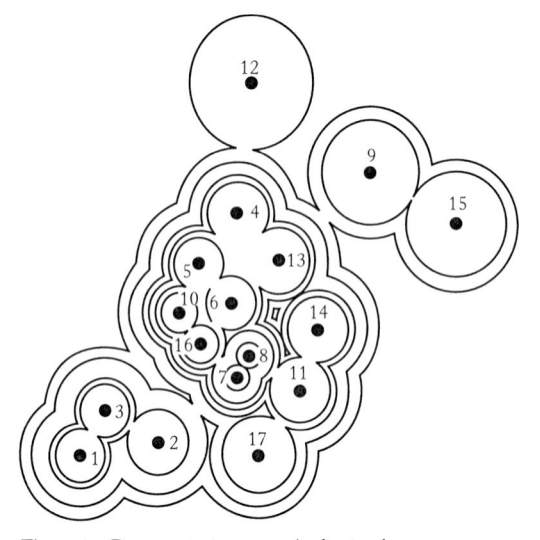

Figura 4 – Representação por meio de círculos.

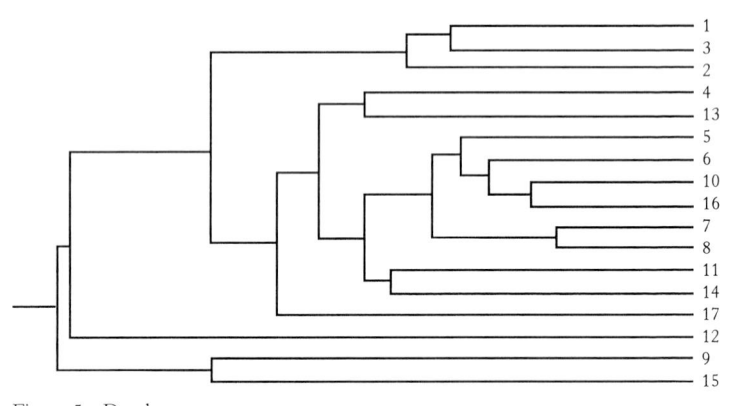

Figura 5 – Dendograma.

Tridimensional

A Figura 6 mostra uma representação tridimensional, em que os objetos são indicados por esferas ligadas por bastonetes, representando as distâncias.

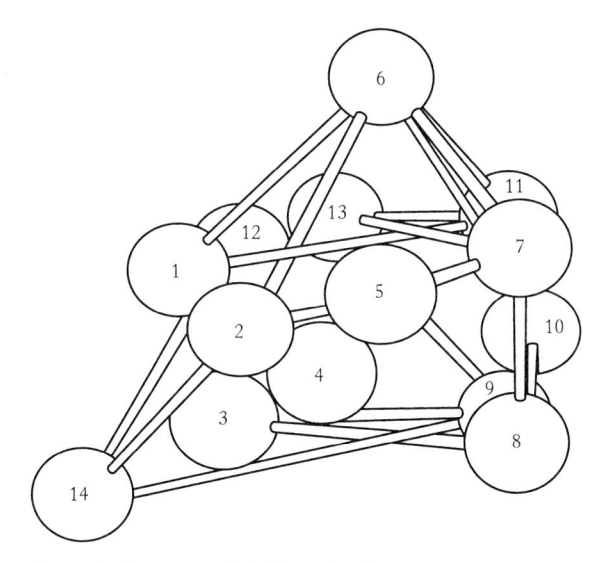

Figura 6 – Representação tridimensional.

Como se pode observar, a representação tridimensional é pouco clara, mesmo com um número reduzido de objetos.

A melhor maneira gráfica para representar os agrupamentos formados é o dendograma, disponível como principal ferramenta gráfica nos principais *softwares* estatísticos.

4
Métodos de agrupamentos

Neste capítulo serão abordados os principais métodos de agrupamento, apresentando os mais utilizados dentre os métodos hierárquicos e não-hierárquicos.

Os métodos hierárquicos subdividem-se em aglomerativos (*agglomeratives*) e em métodos de divisão (*divisive*). Aqueles procedem por meio de uma série sucessiva de uniões dos n objetos em grupos, e estes, tomando os n objetos como um único grupo, promovem sucessivas divisões, formando grupos menores.

Métodos hierárquicos aglomerativos

Os métodos aglomerativos geralmente se iniciam operando a matriz de similaridade, considerando-se cada objeto como sendo o grupo inicial (*cluster*). A seguir, indico o algoritmo que caracteriza esse procedimento:

1. Na matriz de similaridade, procuram-se os dois objetos mais similares;
2. Retiram-se os objetos i e j, os quais formam um grupo; eliminando-se a linha e a coluna correspondentes de i e j;

3. Definem-se uma linha e uma coluna, obtidas pelas distâncias entre o grupo (ij) e os objetos restantes, de acordo com o procedimento do algoritmo adotado;

4. Repetem-se os passos anteriores n-1 vezes, de maneira que todos os n objetos pertençam a um grupo ao fim do algoritmo.

Os métodos hierárquicos aglomerativos são de fácil entendimento e podem ser representados por meio de gráficos. A representação mais usual é pelo dendograma, mostrado no Capítulo 3.

A seguir, os procedimentos mais utilizados e operacionalizados na maior parte dos *softwares* estatísticos.

Vizinho mais Próximo (Single Linkage)

Também conhecido por *Nearest Neighbor*, esse método tem seu procedimento iniciado com a procura dos dois objetos mais similares na matriz de similaridade $\mathbf{D}_1$.

Considere a matriz de dados iniciais $\mathbf{D}$ para cinco objetos (A,B, C,D e E) mensurados em duas variáveis e sua matriz de distância $\mathbf{D}_1$.

$$
\mathbf{D} = \begin{array}{c} A \\ B \\ C \\ D \\ E \end{array} \begin{vmatrix} 4 & 16 \\ 16 & 14 \\ 10 & 14 \\ 14 & 10 \\ 8 & 16 \end{vmatrix}
\qquad
\mathbf{D}_1 = \begin{array}{c} \\ A \\ B \\ C \\ D \\ E \end{array} \begin{array}{ccccc} A & B & C & D & E \\ \left[\begin{array}{ccccc} 0 & & & & \\ 12.2 & 0 & & & \\ 6.3 & 6.0 & 0 & & \\ 11.7 & 4.5 & 5.6 & 0 & \\ 4.0 & 8.2 & 2.8 & 8.5 & 0 \end{array} \right] \end{array}
$$

O primeiro passo é verificar a distância mínima entre dois objetos, na matriz $\mathbf{D}_1$, dada por:

$$\min (d_{ij}) = d_{CE} = \mathbf{2.8} \text{ (intersecção entre a coluna 3 e a linha 5)}$$

Desta forma, os objetos C e E formam o grupo (CE). Seguindo os passos descritos anteriormente, necessita-se obter as distâncias entre os objetos do grupo (CE) e os objetos restantes. Neste ponto, o método *Single Linkage* fica caracterizado, ou seja, as distâncias entre o grupo (CE) e os demais devem ser as "menores". Assim, tem-se:

$$d_{(CE)A} = \min \{d_{CA}, d_{EA}\} = \min \{6.3, 4.0\} = 4.0$$
$$d_{(CE)B} = \min \{d_{CB}, d_{EB}\} = \min \{6.0, 8.2\} = 6.0$$
$$d_{(CE)D} = \min \{d_{CD}, d_{ED}\} = \min \{5.6, 8.5\} = 5.6$$

Excluindo-se as linhas e colunas na matriz $\mathbf{D}_1$ correspondentes aos objetos C e E, e adicionando uma linha e coluna, correspondentes às menores distâncias dos objetos ao grupo (CE), obtém-se uma nova matriz $\mathbf{D}_2$.

$$\mathbf{D}_2 = \begin{array}{c} \\ (CE) \\ A \\ B \\ D \end{array} \begin{array}{cccc} (CE) & A & B & D \\ \left[\begin{array}{cccc} 0 & & & \\ 4.0 & 0 & & \\ 6.0 & 12.2 & 0 & \\ 5.6 & 11.7 & 4.5 & 0 \end{array}\right] \end{array}$$

O mesmo procedimento efetuado na matriz $\mathbf{D}_1$ deve ser realizado na matriz $\mathbf{D}_2$, isto é, procura-se a menor distância. Assim, no exemplo apresentado, obteríamos d(CE)A = 4.0. Dessa forma, o objeto A seria alocado no grupo (CE). Novamente obtém-se a menor distância do grupo para os objetos restantes, ou seja:

$$d_{(CEA)B} = \min \{d(CE)B, dAB\} = min \{6.0, 12.2\} = 6$$
$$d_{(CEA)D} = \min \{d(CE)D, dAD\} = min \{5.6, 11.7\} = 5.6$$

$$\mathbf{D}_3 = \begin{array}{c} \\ (CEA) \\ B \\ D \end{array} \begin{array}{ccc} (CEA) & B & D \\ \left[\begin{array}{ccc} 0 & & \\ 6.0 & 0 & \\ 5.6 & 4.5 & 0 \end{array}\right] \end{array}$$

A distância mínima é encontrada para o par B e D, $d_{BD} = 4.5$; dessa maneira, obtém-se um novo grupo (BD). Pode-se observar que, nesse momento, o processo forneceu dois grupos distintos (CEA) e (BD). Finalmente, analisam-se as distâncias:

$$d_{(CEA)(BD)} = \min \{d_{(CEA)B}, d_{(CEA)D}\} = \min \{6.0, 5.6\} = 5.6$$

A matriz de distância $\mathbf{D}_4$ indica a união desses dois grupos em um único grupo, o qual irá aglutinar todos os objetos (ABCDE).

$$\mathbf{D}_4 = \begin{array}{c} \quad\;\; (CEA)\,(BD) \\ \begin{array}{c} (CEA) \\ (BD) \end{array} \left[\begin{array}{cc} 0 & \\ 5.6 & 0 \end{array} \right] \end{array}$$

Observando-se as expressões usadas no exemplo, para definir sucessivamente as distâncias mínimas, pode-se definir a regra básica para o método *Single Linkage*

Definição: $d_{(ij)}k = min\ \{d_{ik}, d_{jk}\}$ no qual k é um terceiro objeto.

É possível representar, em dendograma, os grupos obtidos. Veja a Figura 1.

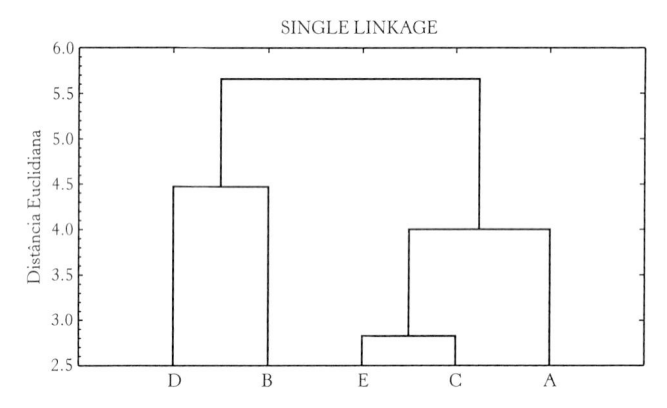

Figura 1 – Dendograma.

Através do dendograma, pode-se notar claramente a formação dos grupos ((CE)A) e (BD).

Vizinho mais Distante (*Complete Linkage*)

Este método, após agrupar os dois indivíduos mais semelhantes, de menor distância, verifica a distância máxima deste primeiro grupo para os objetos restantes. Dessa forma procura garantir que os objetos de um grupo guardem a máxima distância de outros grupos. Utiliza-se a mesma matriz de distância do exemplo anterior para ilustrar os passos deste método.

$$\mathbf{D}_1 = \begin{array}{c} \\ A \\ B \\ C \\ D \\ E \end{array} \begin{array}{ccccc} A & B & C & D & E \\ \left[\begin{array}{ccccc} 0 & & & & \\ 12.2 & 0 & & & \\ 6.3 & 6.0 & 0 & & \\ 11.7 & 4.5 & 5.6 & 0 & \\ 4.0 & 8.2 & 2.8 & 8.5 & 0 \end{array}\right] \end{array}$$

A distância mínima entre dois objetos é:

min $(d_{ij}) = d_{CE} = 2.8$ (intersecção entre a coluna 3 e a linha 5), e os objetos C e E formam o grupo (CE). Seguindo os passos descritos anteriormente, necessita-se obter as distâncias entre o grupo (CE) e os demais objetos. Nessa etapa, encontra-se a diferença entre os dois métodos: *Single* e *Complete Linkage*:

$$d_{(CE)A} = \max\{d_{CA}, d_{EA}\} = \max\{6.3, 4.0\} = 6.3$$

$$d_{(CE)B} = \max\{d_{CB}, d_{EB}\} = \max\{6.0, 8.2\} = 8.2$$

$$d_{(CE)D} = \max\{d_{CD}, d_{ED}\} = \max\{5.6, 8.5\} = 8.5$$

Verifica-se, abaixo, a modificação sofrida pela matriz de distância anterior:

$$\mathbf{D}_2 = \begin{array}{c} \\ (CE) \\ A \\ B \\ D \end{array} \begin{array}{cccc} (CE) & A & B & D \\ \left[\begin{array}{cccc} 0 & & & \\ 6.3 & 0 & & \\ 8.2 & 12.2 & 0 & \\ 8.5 & 11.7 & 4.5 & 0 \end{array}\right] \end{array}$$

O próximo passo é, novamente, obter a menor distância. O valor é obtido pela intersecção da coluna representada pelo objeto B com a linha representada pelo objeto D. Essa distância é igual a 4.5 $(d_{(BD)} = 4.5)$, o que indica a formação de um novo grupo: objetos B e D (BD). Na próxima etapa, tem-se:

$$d_{(CE)(BD)} = \max \{d_{(CE)B}, d_{(CE)D}\} = \max \{8.2, 8.5\} = 8.5$$

$$d_{(DB)A} = \max \{d_{BA}, d_{DA}\} = \max \{12.2, 11.7\} = 12.2$$

obtém-se a matriz

$$\mathbf{D}_3 = \begin{array}{c} \\ (CE) \\ (BD) \\ A \end{array} \begin{array}{ccc} (CE) & (BD) & A \\ \begin{bmatrix} 0 & & \\ 8.5 & 0 & \\ 6.3 & 12.2 & 0 \end{bmatrix} \end{array}$$

O próximo passo é a formação do grupo (CEA), já que o menor valor da matriz de distância é 6.3. Finalmente, a última matriz de distância será obtida por:

$$d_{(CEA)(BD)} = \max \{d_{(CE)(BD)}, d_{A(BD)}\} = \max \{12.2, 8.5\} = 12.2$$

$$\mathbf{D}_4 = \begin{array}{c} \\ (CEA) \\ (BD) \end{array} \begin{array}{cc} (CEA) & (BD) \\ \begin{bmatrix} 0 & \\ 12.2 & 0 \end{bmatrix} \end{array}$$

e a regra básica utilizada para o cálculo das distâncias é:

$d_{(ij)k} = \max \{d_{ik}, d_{jk}\}$ em que k é um terceiro objeto.

Veja abaixo dendograma correspondente (Figura 2).

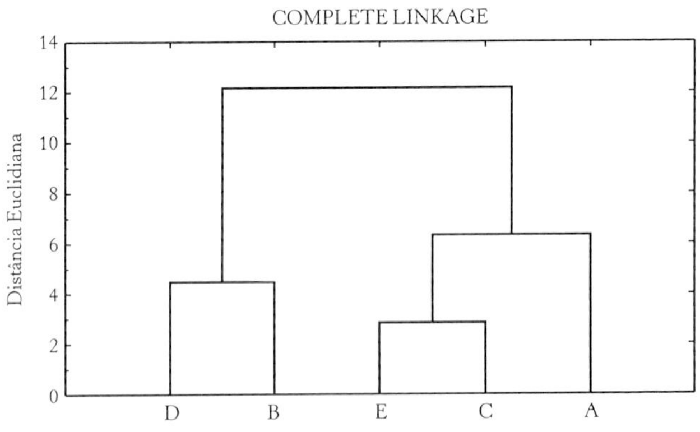

Figura 2 – Dendograma.

Distância Média (*Average Linkage*)

No método da Distância Média o procedimento inicial é o mesmo que o dos métodos anteriores, ou seja, principia-se por agrupar os dois objetos mais semelhantes. A seguir, utiliza-se a média aritmética das distâncias dos objetos de cada grupo para confeccionar a nova matriz de distâncias.

Tome-se como exemplo a matriz de distância apresentada para os métodos anteriores:

$$\mathbf{D}_1 = \begin{array}{c} \\ A \\ B \\ C \\ D \\ E \end{array} \begin{array}{ccccc} A & B & C & D & E \\ \left[\begin{array}{ccccc} 0 & & & & \\ 12.2 & 0 & & & \\ 6.3 & 6.0 & 0 & & \\ 11.7 & 4.5 & 5.6 & 0 & \\ 4.0 & 8.2 & 2.8 & 8.5 & 0 \end{array} \right] \end{array}$$

Novamente tem-se, como passo inicial, a obtenção do grupo (CE), o qual apresenta a distância mínima igual a 2.8. Utilizando-se a média aritmética, obtém-se as novas distâncias que irão compor a nova matriz de distância $\mathbf{D}_2$:

$$d(CE)A = \frac{1}{2}[d(C,A) + d(E,A)] = \frac{1}{2}[6.3 + 4.0] = 5{,}2$$

$$d(CE)B = \frac{1}{2}[d(C,B) + d(E,B)] = \frac{1}{2}[6 + 8.2] = 7.1$$

$$d(CE)D = \frac{1}{2}[d(C,D) + d(E,D)] = \frac{1}{2}[5.6 + 8.5] = 7.1$$

Portanto, a nova matriz $\mathbf{D}_2$ é composta pelas distâncias:

$$\mathbf{D}_2 = \begin{array}{c} \\ (CE) \\ A \\ B \\ D \end{array} \begin{array}{cccc} (CE) & A & B & D \\ \left[\begin{array}{cccc} 0 & & & \\ 5.2 & 0 & & \\ 7.1 & 12.2 & 0 & \\ 7.1 & 11.7 & 4.5 & 0 \end{array} \right] \end{array}$$

O novo grupo é formado pelos objetos B e D. Dessa forma, a fase seguinte cai, novamente, no cálculo das médias aritméticas das distâncias.

$$d(BD)A = \frac{1}{2}[d(B,A)+d(D,A)] = \frac{1}{2}[12.2+11.7] = 11.9$$

$$d(BD),(CE) = \frac{1}{2}[d(B,(CE))+d(D,(CE))] = \frac{1}{2}[7.1+7.1] = 7.1$$

Com os resultados anteriores, tem-se a nova matriz de distâncias:

$$\mathbf{D}_3 = \begin{array}{c} \\ (CE) \\ (BD) \\ A \end{array} \begin{array}{ccc} (CE) & (BD) & A \\ \left[\begin{array}{ccc} 0 & & \\ 7.1 & 0 & \\ 5.2 & 11.9 & 0 \end{array}\right] \end{array}$$

O objeto A se une ao grupo (CE). Finalmente, calcula-se a média para

$$d(BD),(CEA) = \frac{1}{2}[d(BD),(CE)+d(A,(BD))] = \frac{1}{2}[7.1+11.9] = 9.5$$

$$\mathbf{D}_4 = \begin{array}{c} \\ (CEA) \\ (BD) \end{array} \begin{array}{cc} (CEA) & (BD) \\ \left[\begin{array}{cc} 0 & \\ 9.5 & 0 \end{array}\right] \end{array}$$

e a regra básica utilizada para o cálculo das distâncias é:
$$d_{(ij)k} = media\ \{d_{ik}, d_{jk}\},$$
em que k é um terceiro objeto.

O dendograma (Figura 3) referente ao procedimento é dado por:

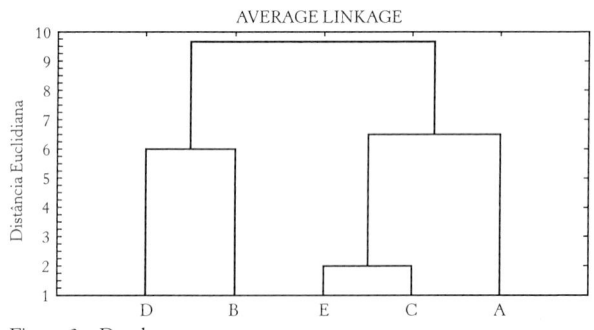

Figura 3 – Dendograma.

Neste momento, são necessários alguns comentários sobre as regras básicas apresentadas. Embora possa parecer que, independentemente da metodologia aplicada, se chegue ao mesmo resultado, isso não corresponde à verdade. No exemplo utilizado, isso aconteceu e obteve-se, como resultado, dois grupos, o primeiro formado pelos objetos (ECA) e o segundo por (BD); entretanto, em outras situações, em que a estrutura de dados analisada não é tão bem definida, resultados diferentes podem surgir para diferentes algoritmos. Veja-se um exemplo:

Nove objetos foram analisados em quatro variáveis. A matriz de dados iniciais D e a matriz de similaridade D_1 (obtida pela distância euclidiana) encontram-se, respectivamente, a seguir:

$$
D = \begin{array}{c} \\ A \\ B \\ C \\ D \\ E \\ F \\ G \\ H \\ I \end{array} \begin{array}{cccc} v1 & v2 & v3 & v4 \\ \left[\begin{array}{cccc} 2 & 5 & 11 & 2 \\ 3 & 7 & 11 & 3 \\ 1 & 9 & 12 & 2 \\ 5 & 11 & 15 & 4 \\ 11 & 5 & 6 & 1 \\ 2 & 8 & 9 & 4 \\ 4 & 9 & 6 & 6 \\ 5 & 4 & 7 & 7 \\ 6 & 2 & 11 & 3 \end{array}\right] \end{array}
$$

$$
D_1 = \left[\begin{array}{ccccccccc} 0 & & & & & & & & \\ 2,4 & 0 & & & & & & & \\ 4,2 & 3,2 & 0 & & & & & & \\ 8,1 & 6,1 & 5,7 & 0 & & & & & \\ 10,3 & 9,9 & 12,4 & 12,7 & 0 & & & & \\ 4,1 & 2,7 & 3,9 & 7,3 & 10,4 & 0 & & & \\ 7,8 & 6,2 & 7,8 & 9,5 & 9,5 & 4,2 & 0 & & \\ 7,1 & 6,7 & 9,5 & 11 & 8,6 & 6,2 & 5,3 & 0 & \\ 5,1 & 5,8 & 8,7 & 9,9 & 7,9 & 7,5 & 9,3 & 6,1 & 0 \end{array}\right]
$$

Pelos dendogramas, podem-se observar configurações diferenciadas. A saber, a regra básica do *Single Linkage* apresenta uma configuração chamada de elo ou encadeamento, conforme Bussab (1990). É possível notar diferenças entre o agrupamento ocasionado pelo *Single* e o *Complete Linkage*. O objeto F, por exemplo, reúne-se com o grupo AB, quando se tratam os dados com *Single Linkage*; entretanto, ao se utilizar *Complete Linkage*, o objeto F reúne-se primeiro com o objeto C, formando um novo grupo, para só então se unir ao grupo AB. Além disso, poder-se-ia perguntar o número de grupos que teríamos ao usar a regra básica do *Single Linkage*.

Algumas sugestões de como proceder nessas situações serão abordadas no Capítulo 5. Os resultados díspares também ocorrem com outros algoritmos.

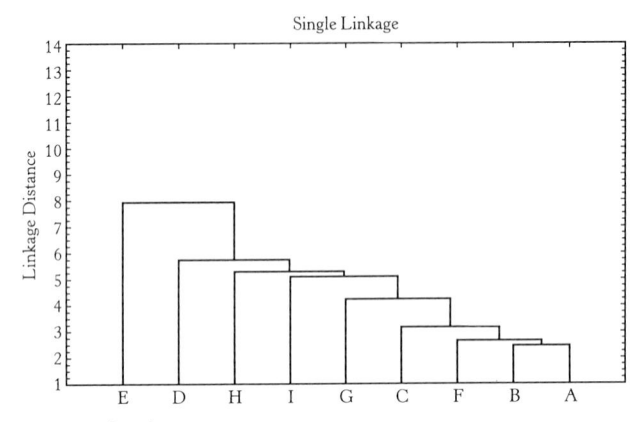

Figura 4 – Dendograma.

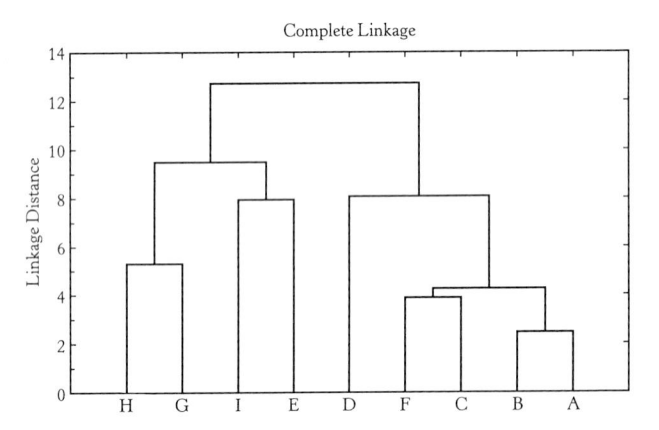

Figura 5 – Dendograma.

Método Centróide

Esse método reúne, por meio da matriz de distância, os objetos mais semelhantes em um grupo. Depois, é calculada, novamente, a matriz de distância, utilizando-se o vetor das médias das variáveis dos objetos reunidos no grupo inicial. O processo se repete até que todos os objetos se reúnam em um único grande grupo.

Para ilustrar esse procedimento, voltemos ao exemplo em que temos cinco objetos, cada qual analisado com relação a duas variáveis:

Objeto	Variável 1	Variável 2
A	4	16
B	16	14
C	10	14
D	14	10
E	8	16

Inicialmente, calcula-se a matriz de distância euclidiana:

$$\mathbf{D}_1 = \begin{array}{c} \\ A \\ B \\ C \\ D \\ E \end{array} \begin{array}{ccccc} A & B & C & D & E \\ \left[\begin{array}{ccccc} 0 & & & & \\ 12.2 & 0 & & & \\ 6.3 & 6.0 & 0 & & \\ 11.7 & 4.5 & 5.6 & 0 & \\ 4.0 & 8.2 & 2.8 & 8.5 & 0 \end{array} \right] \end{array}$$

O primeiro passo é reunir os dois objetos mais próximos. Examinando a matriz $\mathbf{D}_1$, pode-se verificar que os objetos C e E formam o primeiro grupo e o mais similar. O segundo passo será dado pela substituição dos valores das variáveis dos objetos C e E pelo vetor de médias, a saber:

Objeto	Variável 1	Variável 2
(CE)	9	15
A	4	16
B	16	14
D	14	10

O resultado para o grupo (CE) é dado por $\bar{x}_{(CE)}$, para cada variável, assim:

$$\bar{x}_{CE,V1} = \frac{10+8}{2} = 9 \quad \text{e} \quad \bar{x}_{CE,V2} = \frac{14+16}{2} = 15$$

Dessa forma pode-se prosseguir com o procedimento, calculando-se a nova matriz de distância para os novos dados.

$$\mathbf{D}_2 = \begin{array}{c} \\ \text{(CE)} \\ \text{A} \\ \text{B} \\ \text{D} \end{array} \begin{array}{cccc} \text{(CE)} & \text{A} & \text{B} & \text{D} \\ \begin{bmatrix} 0.0 & & & \\ 5.1 & 0.0 & & \\ 7.1 & 12.2 & 0.0 & \\ 7.1 & 11.7 & 4.5 & 0.0 \end{bmatrix} \end{array}$$

A menor distância na matriz $\mathbf{D}_2$ fornece o grupo (BD), sendo que os objetos que o compõem deverão substituir suas coordenadas pelo vetor de médias. Sendo assim, teríamos:

Objeto	Variável 1	Variável 2
(CE)	9	15
(BD)	15	12
A	4	16

Calculando a matriz de distância, tem-se:

$$\mathbf{D}_3 = \begin{array}{c} \\ \text{(CE)} \\ \text{(BD)} \\ \text{A} \end{array} \begin{array}{ccc} \text{(CE)} & \text{(BD)} & \text{A} \\ \begin{bmatrix} 0.0 & & \\ 6.7 & 0.0 & \\ 5.1 & 11.7 & 0 \end{bmatrix} \end{array}$$

O objeto A se reúne com o grupo (CE) por apresentar a menor distância. Por fim, o grupo (BD) se funde ao grupo (CEA).

O respectivo dendograma é mostrado na Figura 6.

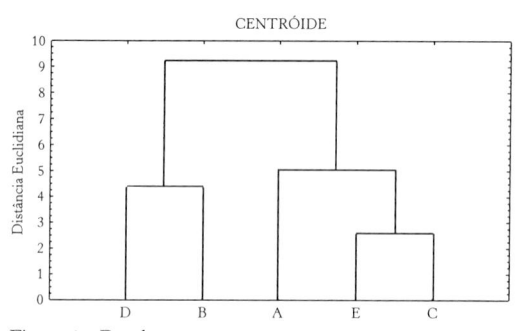

Figura 6 – Dendograma.

Método de Ward

Este método, diferentemente dos anteriores, tem como característica a obtenção da soma dos quadrados, a qual chamaremos de SQ, para todos os possíveis grupos. A reunião definitiva dos objetos irá contemplar os menores valores de SQ. Este método pode ser usado diretamente na matriz de dados iniciais $n \times p$.

O valor de E para dois grupos, G_1 e G_2, pode ser obtido através de

$$E_{(G1G2)} = \sum_{V}^{P} \sum_{\substack{i=1 \\ i \in G1}}^{n} (x_{iv} - \overline{x}_v)^2$$

em que $\overline{x}_V$ é a média do grupo para cada variável V.

Para ilustrar o procedimento, apresentarei uma matriz de dados com cinco objetos e apenas duas variáveis:

$$\mathbf{D} = \begin{array}{c} \\ A \\ B \\ C \\ D \\ E \end{array} \begin{array}{cc} V1 & V2 \\ \left| \begin{array}{cc} 4 & 16 \\ 16 & 14 \\ 10 & 14 \\ 14 & 10 \\ 8 & 16 \end{array} \right| \end{array}$$

Os resultados de todas as possíveis somas de quadrados são apresentados na Tabela 1. O primeiro passo é calcular o valor de SQ para cada um dos possíveis pares de objetos:

$$SQ_{(AB)} = (4-10)^2 + (16-10)^2 + (16-15)^2 + (14-15)^2 = 74$$

em que $\overline{x}_{v1} = \dfrac{4+16}{2} = 10$ e $\overline{x}_{v2} = \dfrac{16+14}{2} = 15$

Esse procedimento é feito para todas as possíveis combinações de dois objetos. O menor valor de SQ indica a formação de um grupo.

Tabela 1 – Passos, possíveis agrupamentos e valores de SQ. Os valores ótimos de SQ (menores) estão indicados por *.

Passo		Possíveis	grupos		E
1	(AB)	C	D	E	74
	(AC)	B	D	E	20
	(AD)	B	C	E	68
	(AE)	B	C	B	08
	(BC)	A	D	E	18
	(BD)	A	C	E	10
	(BE)	A	C	B	34
	(CD)	A	B	E	16
	(CE)	A	B	B	04*
	(DE)	A	B	C	36
2	(CE)	(AB)	D		78
	(CE)	(AD)	B		72
	(CE)	(BD)	A		14*
	(CEA)	B	D		21.3
	(CEB)	A	D		37.5
	(CED)	A	B		37.5
3	(CEA)	(BD)			31*
	(CEBD)	A			59
	(CE)	(BDA)			105
4	(ABCDE)				115

Como pode-se observar, o primeiro grupo é formado pelos objetos C e E, pois o valor de SQ é o menor (SQ = 4). Dessa forma, podemos iniciar o passo 2, que consiste na combinação do grupo (CE) com todas as demais possibilidades de agrupamento. Para ilustrar esse passo, calcula-se:

$$SQ_{(CE)(AB)} = \underbrace{(10-9)^2 + (8-9)^2 + (14-15)^2 + (16-15)^2}_{grupo(CE)} +$$

$$+ \underbrace{(4-10)^2 + (16-10)^2 + (16-15)^2 + (14-15)^2}_{grupo(AB)} = 78$$

$$SQ_{(CEA)} = (4-7.3)^2 + (10-7.3)^2 + (8-7.3)^2 + +(16-15.3)^2 +$$
$$+ (14-15.3)^2 + (16-15.3)^2 = 21.3$$

As médias para o grupo (CEA) são obtidas somando-se os três valores correspondentes aos objetos para cada uma das duas variáveis. Nota-se, pela Tabela 1, que o menor valor de SQ é para $SQ_{(CE)(BD)}$ = 14; sendo assim, temos um segundo grupo formado por (BD). O terceiro passo consiste, neste exemplo, em verificar como irão se reunir os grupos (CE), (BD) e A. Por meio da Tabela 1 verificamos que o objeto A se une ao grupo (CE).

Chega-se, assim, ao final do processo, quando todos os objetos se unem. O dendograma da Figura 7 mostra a configuração final.

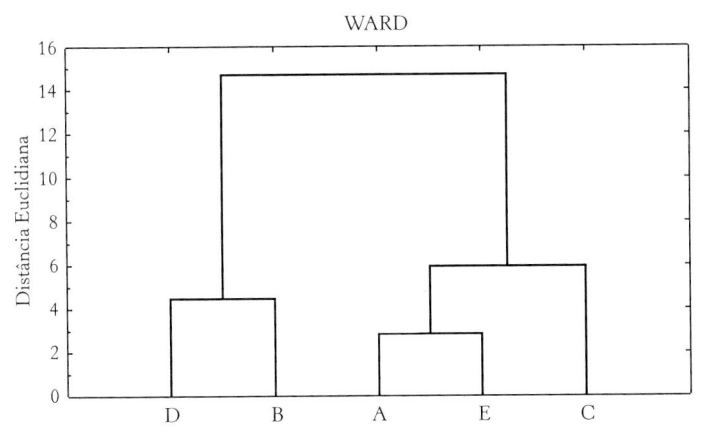

Figura 7 – Dendograma.

Este método não garante a melhor partição, pois o valor mínimo de SQ depende de resultados obtidos em passos anteriores.

Metódos de divisão

Os métodos hierárquicos de divisão procedem de maneira inversa aos aglomerativos: separa-se o conjunto inicial em dois menores, até que, finalmente, todos os grupos contenham apenas um objeto. Muitos livros a respeito de Análise de Agrupamentos dão pouca atenção a este método, que também não tem sido considerado por grande parte dos *softwares* especializados nisso. No primeiro passo do algoritmo aglomerativo todas as reuniões de dois objetos são dadas por

$$C_2^n \text{ possíveis combinações}$$

Esse número cresce consideravelmente quando se usa o algoritmo do método de divisão, ou seja

$$(2^{n-1}) - 1 \text{ possibilidades}$$

Todavia, é possível construir métodos divisivos que não consideram todas as divisões, muitos dos quais podem ser totalmente inapropriados, relatam Kaufman & Rousseeuw (1990).

Para ilustrar o procedimento deste método, retorna-se aos dados da matriz de dissimilaridade $\mathbf{D}_1$, usada anteriormente na página 29:

$$\mathbf{D}_1 = \begin{array}{c} \\ A \\ B \\ C \\ D \\ E \end{array} \begin{array}{ccccc} A & B & C & D & E \\ \begin{bmatrix} 0 & & & & \\ 12.2 & 0 & & & \\ 6.3 & 6.0 & 0 & & \\ 11.7 & 4.5 & 5.6 & 0 & \\ 4.0 & 8.2 & 2.8 & 8.5 & 0 \end{bmatrix} \end{array}$$

O processo assume, inicialmente, que todos os objetos estejam em um único grupo (ABCDE). No segundo passo, esse grupo é dividido em dois, de maneira a alocar em um deles o objeto mais dissimilar. Uma maneira para se obter esse objeto é usar a média aritmética das distâncias de cada objeto para os demais. Para o exemplo (v. Tabela 2), temos:

Tabela 2 – Média aritmética para demais objetos.

Objeto	Média
A	(12.2+6.3+11.7+4.0) / 4 = 8.6
B	(12.2+6.0+4.5+8.2) / 4 = 7.7
C	(6.3+6.0+5.6+2.8) / 4 = 5.2
D	(11.7+4.5+5.6+8.5) / 4 = 7.6
E	(4.0+8.2+2.8+8.5) / 4 = 5.9

A distância de A para os demais é, em média, igual a 8.6, sendo este o objeto mais dissimilar. Definem-se, então, os grupos A e (BCDE).

Caso haja um empate entre dois ou mais objetos, sorteia-se um deles aleatoriamente. A seguir, calcula-se a média aritmética para o grupo remanescente, e compara-se com a média do novo grupo (v. Tabela 3):

Tabela 3 – Média para grupo remanescente, novo grupo e diferença.

Objeto	Média aritmética para o grupo remanescente (a)	Média aritmética para os objetos do novo grupo (b)	Diferença (a - b)
B	(6.0+4.5+8.2) / 3 = 6.2	12.2	-6.0
C	(6.0+5.6+2.8) / 3 = 4.8	6.3	-1.5
D	(4.5+5.6+8.5) / 3 = 6.2	11.7	-5.5
E	(8.2+2.8+8.5) / 3 = 6.5	4.0	2.5

Nota-se na Tabela 3 duas novas colunas: a coluna (b), que encerra a média dos novos grupos (neste caso pelo objeto A), e a coluna (a - b), resultante da diferença entre a média dos objetos remanescentes e a média dos objetos dos novos grupos. Seguindo o raciocínio de retirar o objeto cuja média seja maior, retira-se o objeto E, que se agrupa ao objeto A. Dessa forma, tem-se (AE). O processo segue conforme a Tabela 4:

Tabela 4 – Média para grupo remanescente, novo grupo e diferença.

Objeto	Média aritmética para o grupo remanescente (a)	Média aritmética para os objetos do novo grupo (b)	Diferença (a - b)
B	(6.0 +4.5) / 2 = 5.3	(12.2+8.2) / 2 = 10.2	-4.9
C	(6.0 + 5.6) / 2 = 5.8	(6.3+2.8) / 2 = 4.6	1.2
D	(4.5 + 5.6) / 2 = 5.1	(11.7+8.5) / 2 = 10.1	-5.0

A coluna da diferença é utilizada com o objetivo de interromper o processo quando todos os valores desta forem negativos. Este resultado indica que a dissimilaridade dos objetos para os novos grupos é menor; assim, os grupos formados pela extração não irão receber novos objetos, o que é mostrado na Tabela 5.

Tabela 5 – Média para grupo remanescente, novo grupo e diferença.

Objeto	Média aritmética para o grupo remanescente (a)	Média aritmética para os objetos do novo grupo (b)	Diferença (a - b)
B	4.5	(12.2+6.0+2.8)/3 = 7.0	-2.5
D	4.5	(11.7+6.0+8.5)/ 3 = 8.7	-4.5

O processo é interrompido, pois todas as diferenças são negativas. Neste ponto temos os grupos (AEC) e (BD). Como o objetivo do método é que todos os grupos contenham apenas um objeto, devemos separar o grupo (AEC). Para isso se usa a matriz de dissimilaridade para os objetos citados:

$$\begin{array}{c} \\ A \\ E \\ C \end{array} \begin{array}{ccc} A & E & C \\ \left[\begin{array}{ccc} 0.0 & & \\ 4.0 & 0.0 & \\ 6.3 & 12.8 & 0 \end{array}\right] \end{array}$$

Tabela 6 – Média aritmética para demais objetos.

Objeto	Média
A	(4.0 + 6.3) / 2 = 5.2
E	(4.0 + 2.8) / 2 = 3.4
C	(6.3 + 2.8) / 2 = 4.5

O objeto A é extraído devido seu valor médio ser o maior em relação aos demais. Dessa forma, obtemos os grupos (EC), A e (BD). Divide-se primeiramente o grupo (BD) por ter maior dissimilaridade em relação ao grupo (EC). A Figura 8 mostra as sucessivas divisões:

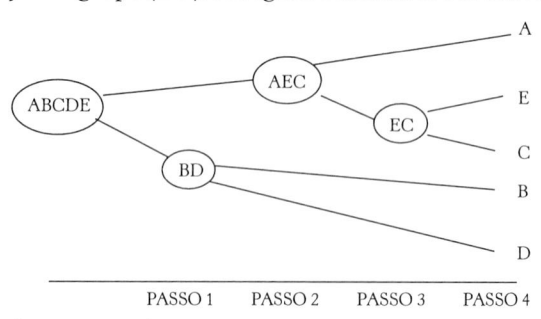

PASSO 1   PASSO 2   PASSO 3   PASSO 4

Figura 8 – Representação dos passos.

Métodos não-hierárquicos

Nesses métodos, o número de grupos é especificado antes do processo de agrupamento, que se inicia com a divisão dos objetos em k grupos. Uma das formas de alocar os objetos nesses grupos é a maneira aleatória. O processo é efetuado diretamente na matriz de dados.

K-means

Apresentarei o método k-means, um dos não-hierárquicos mais utilizados como técnica de agrupamento, de acordo com Johnson (1982).

O processo consiste em:

1. Separar os n objetos em k grupos, de forma aleatória;

2. Calcular os centróides (médias) de cada grupo;

3. Percorrer o conjunto de objetos, associando-os ao agrupamento cujo centróide está mais próximo (utilizam-se as distâncias com ou sem a padronização das variáveis); recalcular o centróide do agrupamento que recebeu o novo objeto e do agrupamento que perdeu o objeto;

4. Repetir o Item 3 até que nenhuma reassociação tenha lugar.

Para exemplificar esse método e seus procedimentos, pode-se utilizar a matriz de dados iniciais utilizada no método de Ward.

$$\mathbf{D} = \begin{array}{c} A \\ B \\ C \\ D \\ E \end{array} \begin{array}{c} V1 \quad V2 \\ \left| \begin{array}{cc} 4 & 16 \\ 16 & 14 \\ 10 & 14 \\ 14 & 10 \\ 8 & 16 \end{array} \right| \end{array}$$

Divide-se esse conjunto de dados em dois grupos, $k = 2$. Antes, porém, veja a disposição dos objetos através de um diagrama (Figura 9):

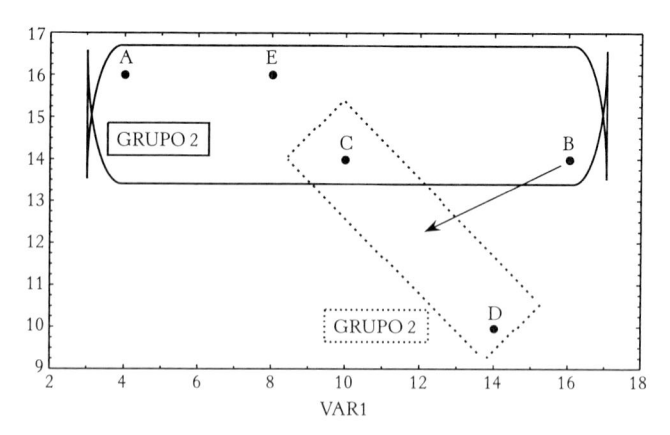

Figura 9 – Diagrama representando os objetos.

Para ilustrar o algoritmo, agruparei (AEB) e (CD). É possível notar que, na situação proposta, o melhor agrupamento seria (AE) e (BCD); o objeto B está mais próximo do centróide de (BCD). O método *k-means* irá proporcionar o melhor agrupamento, ou seja, (AE) e (BCD).

Seguindo o que foi descrito anteriormente, o primeiro passo consiste na escolha do número de grupos, assim $k = 2$.

O segundo passo é o cálculo dos centróides dos grupos (AEB) e (CD):

Tabela 7 – Centróide para cada grupo.

Grupo	Centróide para V1	Centróide para V2
(AEB)	(4+8+16) / 3 = 9.3	(16+16+14) / 3 = 15.3
(CD)	(10+14) / 2 = 12	(14+10) / 2 = 12

Como foi mencionado no Passo 3, iremos computar a distância de cada objeto em relação aos centróides. Para isso, utilizarei a distância euclidiana:

$$d(A,(AEB))= \sqrt{(4-9.3)^2 + (16-15.3)^2} = 5.3$$
$$d(A,(CD))= \sqrt{(4-12)^2 + (16-12)^2} = 8.9$$

Observa-se que a menor distância é a do objeto A para o grupo (AEB); dessa forma, o objeto permanece em (AEB).

Esse procedimento é realizado para todos os objetos, como é mostrado a seguir:

$$d(\text{E,(AEB)})=\sqrt{(8-9.3)^2+(16-15.3)^2}=2.2$$

$$d(\text{E,(CD)})=\sqrt{(8-12)^2+(16-12)^2}=5.6$$

Como a menor distância é a de B para o grupo (CD), este objeto é realocado neste grupo. Dessa forma inicia-se novamente o processo, calculando-se os novos centróides para os novos grupos (AE) e (BCD):

Tabela 8 – Centróide para cada grupo.

Grupo	Centróide para V1	Centróide para V2
(AE)	(4+8) / 2 = 6	(16+16) / 2 = 16
(BCD)	(16+10+14) / 3 = 13.3	(14+14+10) / 3 = 12.6

Novamente iremos computar a distância de cada objeto para os demais centróides:

$$d(\text{A,(AE)})=\sqrt{(4-6)^2+(16-16)^2}=2$$

$$d(\text{A,(BCD)})=\sqrt{(4-13.3)^2+(16-126)^2}=9.9$$

O objeto A permanece no grupo (AE).

$$d(\text{E,(AE)})=\sqrt{(8-6)^2+(16-16)^2}=2$$

$$d(\text{E,(BCD)})=\sqrt{(8-13.3)^2+(16-12.6)^2}=5.6$$

O objeto E permanece no grupo (AE).

Inicia-se o mesmo procedimento para o outro grupo:

$$d(\text{B,(AE)})=\sqrt{(16-6)^2+(14-16)^2}=10.2$$

$$d(\text{B,(BCD)})=\sqrt{(16-13.3)^2+(14-12.6)^2}=3.0$$

O objeto B permanece no grupo (BCD).

$$d(\text{C},(\text{AE}))=\sqrt{(10-6)^2+(14-16)^2}=4.5$$
$$d(\text{C},(\text{BCD}))=\sqrt{(10-13.3)^2+(14-12.6)^2}=3.6$$

O objeto C permanece no grupo (BCD).

$$d(\text{D},(\text{AE}))=\sqrt{(14-6)^2+(10-16)^2}=10.0$$
$$d(\text{D},(\text{BCD}))=\sqrt{(14-13.3)^2+(10-12.6)^2}=7.3$$

O objeto D permanece no grupo (BCD).

Observa-se, pelos valores das distâncias, que os grupos permanecem imutáveis, terminando, assim, o processo.

5
Número de grupos

Uma das maiores dificuldades da Análise de Agrupamentos é a determinação do número de grupos. Além disso, agrupamentos diferenciados surgem quando usamos diferentes algoritmos. No Capítulo 3, viu-se que, para o mesmo conjunto de dados, alguns objetos reuniam-se de modo diferente quando se aplicava *Single Linkage* ou *Complete Linkage*. No mesmo exemplo pairava a dúvida quanto ao número de grupos que emergiam dos dados analisados. Não existe um procedimento padrão para resolver esta situação. No entanto, com o advento dos computadores pessoais, tornou-se possível a utilização de vários procedimentos associados, resultando em soluções satisfatórias.

Neste capítulo, vou indicar alguns procedimentos simples que possam auxiliar na decisão da escolha do número de grupos ou mesmo verificar a estabilidade dos objetos em seus grupos.

Procedimento para a determinação do número de grupos através do dendograma – Métodos hierárquicos

A estratégia é "cortar" o dendograma em alguns pontos, observando-se o número de grupos e o tamanho do intervalo do coeficiente de similaridade/dissimilaridade. Deve-se escolher o intervalo de maior tamanho, entre os diversos cortes, ressalta Romesburg (1984). A Figura 1 indica o corte que resulta em três grupos, a saber: grupo 1 = obj 9; grupo 2 = obj 8, 7, 6 e 5; grupo 3 = obj 4, 3, 2 e 1. Essa configuração possui um intervalo igual a 4,5 (distância 6,5 menos distância 11, indicadas pela linha tracejada).

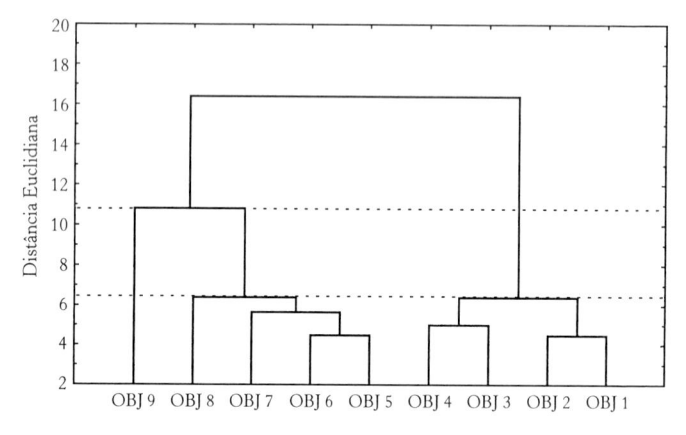

Figura 1 – Dendograma.

A Tabela 1 fornece alguns possíveis cortes. É possível vislumbrar que, pelo critério descrito acima, uma boa partição seria a de dois grupos, visto que esta configuração apresenta a maior distância.

Tabela 1 – Possíveis cortes.

Nº de grupos	Objetos do(s) grupo(s)	Intervalo	Tamanho int.
9	[1,2,3,4,5,6,7,8 e 9]	$0.0 \leq d_{ij} < 4.0$	4,0
3	[(1,2,3,4),(5,6,7,8) e 9]	$6.5 \leq d_{ij} < 11.0$	4,5
2	[(1,2,3,4) e (5,6,7,8,9)]	$11.0 \leq d_{ij} < 16.0$	5,5
5	[(1,2),(3,4),(5,6,7),8 e 9]	$5.5 \leq d_{ij} < 6.5$	1,0

De maneira similar, a maioria dos *softwares* oferece uma opção para a decisão do número de grupos. O procedimento chamado de "parada" (apresentado nos *softwares* pelo indicativo de Amalgamation), consiste em examinar alguma medida de similaridade ou distância entre os grupos a cada passo sucessivo. A solução final é dada quando a medida escolhida apresenta um salto abrupto entre algum passo.

O exemplo a seguir (Quadro 1), baseado em três medidas de 20 animais, mostra o procedimento de "parada" apresentado no *software* Minitab, versão 14.0. Esse *software* será descrito quanto às suas funções relativas a "Análise de Agrupamentos" no Capítulo 6.

Quadro 1 – Medidas de 20 animais.

	Animais																			
	1	2	3	4	5	6	7	8	9	10	11	12	13	14	15	16	17	18	19	20
Medida 1	72	83	79	82	71	78	82	80	73	77	83	74	72	81	77	77	84	78	80	80
Medida 2	46	46	55	45	45	38	47	52	47	38	47	43	47	45	37	53	44	52	55	40
Medida 3	81	92	88	91	80	87	91	89	82	86	92	83	81	90	86	86	93	87	89	89

O objetivo é reunir os animais em grupos homogêneos. Vamos utilizar o procedimento hierárquico Distância Média (*Average Linkage*) com distância euclidiana. A Figura 2 apresenta o dendograma para os 20 animais.

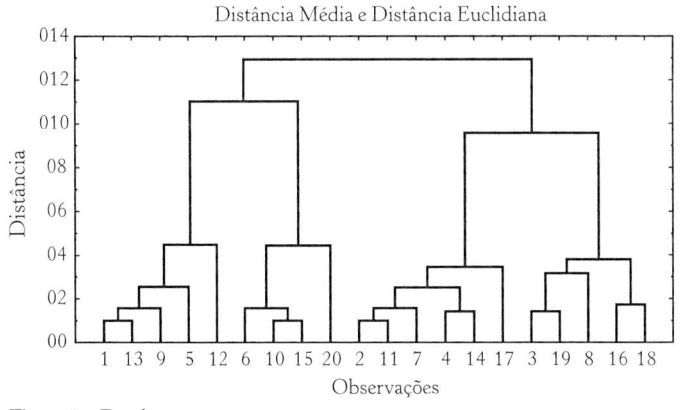

Figura 2 – Dendograma.

Poder-se-ia escolher outro método hierárquico, como Vizinho mais Próximo (*Single Linkage*) ou Vizinho mais Distante (*Complete Linkage*), apresentados na Figura 3. No entanto, o número de grupos resultantes destes métodos pode gerar dúvidas. Observando-se a Figura 2 poder-se-ia aceitar a composição de dois grandes grupos (Grupo 1 = animais 1, 13, 9, 5, 12, 6, 10, 15 e 20 e Grupo 2 = animais 2, 11, 7, 4, 14, 17, 3, 19, 8, 16 e 18). Cada um desses grupos poderia ser dividido em dois grupos, resultando em quatro grupos.

Os resultados obtidos através do método Vizinho mais Próximo (*Single Linkage*) não discriminam de modo claro o número de grupos. Desta forma, dois, três ou quatro grupos podem emergir da configuração apresentada na Figura 3.

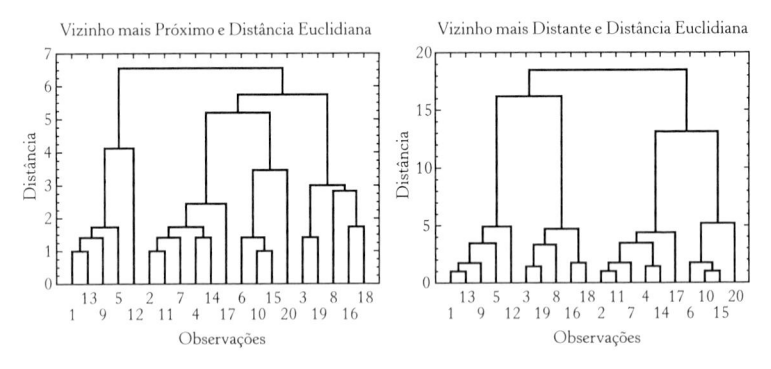

Figura 3 – Dendogramas.

Como mencionado anteriormente, uma das maneiras de se obter o número final de grupos é pelo procedimento de "parada". A solução final é dada quando a medida escolhida apresenta um salto abrupto entre algum passo. Vejamos o resultado deste procedimento a seguir, obtido no *software* Minitab, versão 14.0.

Como é possível observar, no passo 17 (*step* 17), em que são apresentados como resultado três grupos, o nível de similaridade ou distância (*similarity level* e *distance level*) apresenta um salto abrupto (valores em negrito).

Tabela 2 – Níveis de similaridade e distância.

Step	Number of Clusters	Similarity level	Distance level
1	19	94,5926	1,0000
2	18	94,5926	1,0000
3	17	94,5926	1,0000
4	16	92,3528	1,4142
5	15	92,3528	1,4142
6	14	91,4935	1,5731
7	13	91,4935	1,5731
8	12	91,4935	1,5731
9	11	90,6341	1,7321
10	10	86,3958	2,5159
11	9	86,219	2,5485
12	8	82,9218	3,1583
13	7	81,3466	3,4496
14	6	79,4686	3,7969
15	5	75,9359	4,4502
16	4	75,7274	4,4888
17	**3**	**48,241**	**9,5719**
18	2	40,3666	11,0282
19	1	30,0285	12,9400

O cálculo para se obter, por exemplo, a coluna nível de distância, nada mais é do que o menor resultado da distância euclidiana para compor cada uma das matrizes de distância do método escolhido (neste caso, Distância Média, Figura 2). O Capítulo 4 apresenta a construção dos grupos e suas respectivas matrizes de similaridade. Para cada passo, observa-se a matriz de distância, extraindo o menor valor. Na Tabela 2, o valor 1,0000, nos passos 1, 2 e 3 são referentes à distância dos animais $(1,13)$, $(10,15)$ e $(2,11)$. O valor **9,5719** está contido em uma das últimas matrizes de distância do método hierárquico aglomerativo Distância Média.

Este processo decisório é baseado na homogeneidade dos grupos formados. Dessa forma, grandes aumentos na medida de distância (um salto abrupto) indicam que os grupos não são homogêneos; ao contrário, pequenos aumentos na distância mostram que a união de um novo grupo altera pouco a homogeneidade do novo grupo formado.

Aplicação de vários métodos

Como já foi mencionado, a decisão do número de grupos nem sempre é fácil. Além disso, muitas vezes, diferentes algoritmos resultam em diferentes agrupamentos. A aplicação de vários métodos hierárquicos aglomerativos, como Vizinho mais Distante, Distância Média e Método de Ward, por exemplo, pode gerar uma resolução satisfatória, baseada na estrutura resultante da maior parte dos métodos, enfatiza Bussab *et al* (1990).

Comparação de várias resoluções usando *k-means*

Da mesma forma que é possível usar vários algoritmos do método hierárquico aglomerativo, semelhante procedimento pode ser efetuado ao se usar o algoritmo *k-means*. Para um mesmo conjunto de dados, realizam-se várias soluções; por exemplo, $k = 2$, $k = 3$, $k = 4$, $k = 5$ e $k = 6$. Essas soluções podem ser comparadas usando-se o procedimento de divisão por amostras, indicado a seguir.

Divisão do conjunto de dados em duas amostras

Este procedimento pode ser usado tanto para métodos hierárquicos como para os não-hierárquicos.

Aplica-se a metodologia (é possível usar mais de um método) no conjunto de dados; em seguida, divide-se o conjunto de dados em duas amostras aleatórias, aplicando, em cada uma delas, a mesma técnica usada no conjunto de dados original. De acordo com Aldenderfer e Blashfield (1984), se os agrupamentos originais forem estáveis, o mesmo deverá ocorrer nas amostras.

Procedimento quando o número de objetos é muito grande (amostras grandes)

O procedimento descrito a seguir é útil quando o conjunto de dados é muito grande (aproximadamente 400 objetos), a técnica desejada é a hierárquica aglomerativa, e o *software* e/ou o *hardware* não suportam grande volume de cálculo. De maneira geral, o número máximo de objetos aceitos nos principais *softwares* é de aproximadamente 300, para a técnica hierárquica aglomerativa. O *software* SPSS, em um microcomputador Pentium 133 Mhz, com 16 megabytes de memória RAM, não suportou mais que 250 objetos com cinco variáveis. Outros *softwares*, como Minitab e *Statistica* (ambos para ambiente Windows), testados na mesma máquina, também não responderam a número de objetos.

Para se iniciar o procedimento, seleciona-se uma grande amostra, a maior possível, e aplica-se a esta amostra a Análise de Agrupamentos, observando a estrutura "natural" obtida. Os demais objetos serão alocados nos grupos formados, através de uma outra técnica, como por exemplo a Análise de Classificação. Romesburg (1984) relata que o problema deste procedimento surge quando a amostra selecionada não representa bem a estrutura dos dados e, assim, os demais objetos não se enquadram convenientemente nos grupos.

Os métodos não hierárquicos, como é o exemplo do *k-means*, usado nos *softwares* citados, apresentam uma tolerância bastante grande quanto ao número de objetos, não sendo necessária a utilização do procedimento descrito.

Em relação à escolha do número de grupos, existem outros procedimentos.[1] No entanto, os apresentados nesta secção são os de mais fácil entendimento.

Cabe ressaltar que os procedimentos apresentados no Capítulo 5 são ferramentas que auxiliam o pesquisador a escolher o número de grupos; no entanto, a decisão acaba tendo um caráter que muitos chamam de subjetivo, visto que o conhecimento prévio do pesquisador e seu juízo são, muitas vezes, usados.

---

1 Para maiores informações, consulte *Cluster Analysis*, de Aldenderfer e Blashfield (1984) e *Introdução à Análise de Agrupamentos*, de Bussab,W., Miazaki, E. S. e Andrade, D. F. (1990).

6
ASPECTOS COMPUTACIONAIS

Para ilustrar os procedimentos computacionais, utilizando o *software* SPSS e Minitab, ambos comerciais, e o *software* livre PAST, empregarei os dados de três medidas quantitativas contínuas de 20 animais. O objetivo dos pesquisadores é agrupar os animais em grupos homogêneos.

Quadro 1 – Medidas de 20 animais.

	Animais																			
	1	2	3	4	5	6	7	8	9	10	11	12	13	14	15	16	17	18	19	20
Medida 1	72	83	79	82	71	78	82	80	73	77	83	74	72	81	77	77	84	78	80	80
Medida 2	46	46	55	45	45	38	47	52	47	38	47	43	47	45	37	53	44	52	55	40
Medida 3	81	92	88	91	80	87	91	89	82	86	92	83	81	90	86	86	93	87	89	89

Software SPSS

Ao se acessar o *software* SPSS, versão 12.0[1], a primeira tela a ser exibida (Untitled – SPSS Data Editor, Figura 1) é a que fornece a janela para inserção das variáveis. Além dessas duas janelas, é possível verificar uma série de comandos (File, Edit, View, Data, Transform, Analyze etc.).

---

1 Disponível em: <http://www.spss.com/>. Acesso em: maio de 2004.

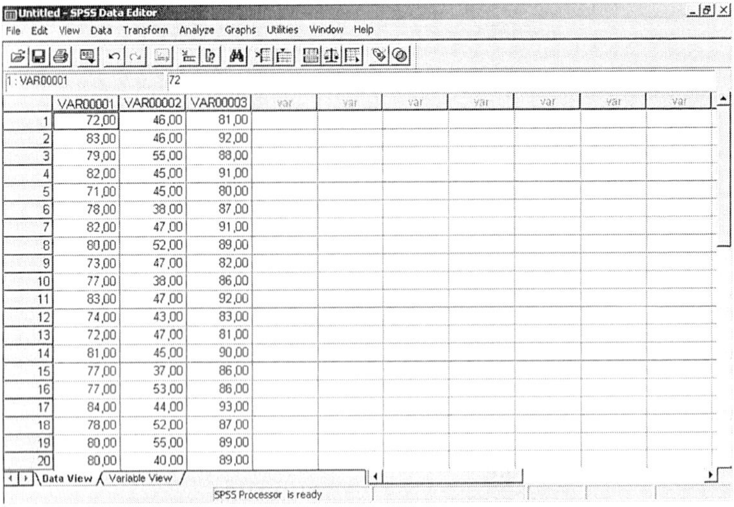

	VAR00001	VAR00002	VAR00003
1	72,00	46,00	81,00
2	83,00	46,00	92,00
3	79,00	55,00	88,00
4	82,00	45,00	91,00
5	71,00	45,00	80,00
6	78,00	38,00	87,00
7	82,00	47,00	91,00
8	80,00	52,00	89,00
9	73,00	47,00	82,00
10	77,00	38,00	86,00
11	83,00	47,00	92,00
12	74,00	43,00	83,00
13	72,00	47,00	81,00
14	81,00	45,00	90,00
15	77,00	37,00	86,00
16	77,00	53,00	86,00
17	84,00	44,00	93,00
18	78,00	52,00	87,00
19	80,00	55,00	89,00
20	80,00	40,00	89,00

Figura 1 – Tela inicial.

Após a inserção dos valores observados das variáveis (var00001, var00002 e var00003), o usuário deverá selecionar o comando Analyze. Ao fazer isso, surge uma lista de técnicas estatísticas. Nosso interesse reside no procedimento Classify, que contém as técnicas TwoStep Cluster, K-Means Cluster, Hierarchical Cluster e Discriminant (Figura 2). Vamos, inicialmente, apresentar os procedimentos para se utilizar a metodologia hierárquica. Para tanto, selecionamos, como apresentado na Figura 2 Hierarchical Cluster.

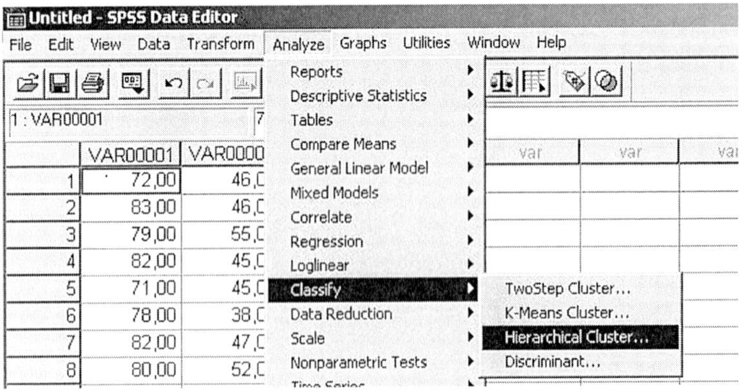

Figura 2 – Tela com opção da Análise de Agrupamentos.

♦ Método hierárquico aglomerativo (*Hierarchical*)

Caso a opção seja por este método, os principais passos serão:

1. Selecionar as variáveis de dados e a variável que contém os nomes dos objetos. Na Figura 3 as variáveis var00001, var00002 e var00003 estão selecionadas e não foi utilizada variável para indicar os nomes dos objetos; dessa forma, cada objeto será representado pelo número de entrada nos dados (1, 2, 3,..., 19, 20).

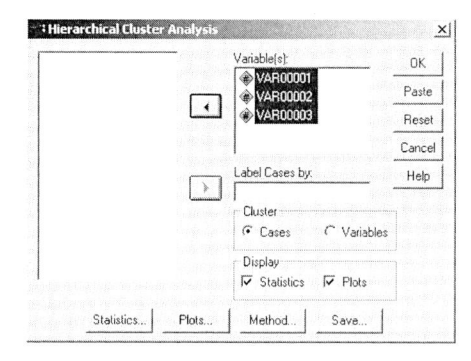

Figura 3 – Tela com opção de escolha de variáveis.

Algumas opções básicas:

1.1 – No comando Statistics (Figura 3), existe a opção de se obter a matriz de distância através de *Distance matrix*.

1.2 – Para se obter a visualização gráfica, utiliza-se Plots (Figura 4). A opção Dendrogram deve ser ativada para fornecer o dendograma (citado anteriormente em representações gráficas).

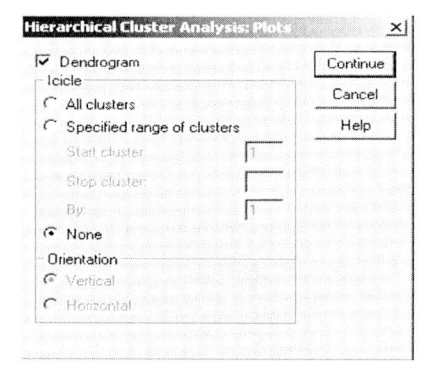

Figura 4 – Representação gráfica.

1.3 – Na opção <u>M</u>ethod (Figura 5), encontram-se:

1.3.1 – **Cluster <u>M</u>ethod**: fornece sete métodos, dos quais seis estão descritos no Capítulo 4, Métodos de Agrupamentos. São eles:

- Between-Groups Linkage (*Average Linkage*);
- Within-Groups Linkage (*Average Linkage*), descrito em "Métodos hierárquicos aglomerativos", no Capítulo 4;
- Nearest Neighbor (*Single Linkage*);
- Furthest Neighbor (*Complete Linkage*);
- Centroid Clustering (Centróide);
- Median Clustering;
- Ward´s Method (Ward).

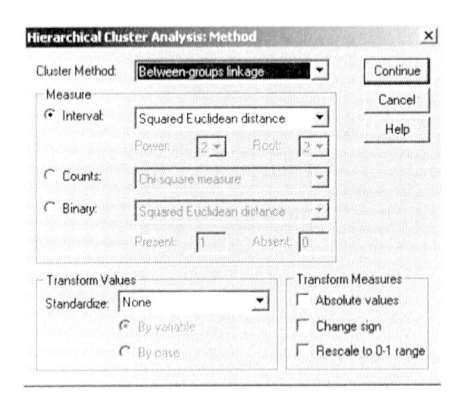

Figura 5 – Métodos de Agrupamentos.

1.3.2 – **Measure** (coeficientes de similaridade/dissimilaridade). Neste item, encontram-se três possibilidades:

a - **Interval**:
- Euclidean distance (distância euclidiana);
- Square Euclidean distance (distância euclidiana ao quadrado);
- Cosine;
- Pearson Correlation;
- Chebychev; Block (City Block);
- Minkowski;
- Customized (indica-se o valor de p-power e r-root).

As fórmulas para cada coeficiente de similaridade/dissimilaridade encontram-se no Apêndice, página 107.

b Counts:
• Chi-Square Measure;
• Phi-Square.

C Binary:
• Euclidean distance;
• Square Euclidean distance;
• Size difference;
• Patter;
• Variance;
• Shape;
• Lance and Williams.

As fórmulas para cada coeficiente de similaridade/dissimilaridade, encontram-se no Apêndice, p. 107.

Após a utilização dos comandos mencionados, é possível obter os principais resultados. Veja abaixo (*output* do *software*):

Cluster

Case Processing Summary[a]

	Cases					
	Valid		Missing		Total	
N	Percent	N	Percent	N	Percent
20	100,0	0	,0	20	100,0

a. Average Linkage (Between Groups)

Agglomeration Schedule

	Cluster Combined			Stage Cluster First Appears		
Stage	Cluster 1	Cluster 2	Coefficients	Cluster 1	Cluster 2	Next Stage
1	10	15	1,000	0	0	6
2	1	13	1,000	0	0	7
3	2	11	1,000	0	0	8
4	3	19	1,414	0	0	12
5	4	14	1,414	0	0	10
6	6	10	1,573	0	1	15
7	1	9	1,573	2	0	11
8	2	7	1,573	3	0	10
9	16	18	1,732	0	0	14
10	2	4	2,516	8	5	13
11	1	5	2,549	7	0	16
12	3	8	3,158	4	0	14
13	2	17	3,450	10	0	17
14	3	16	3,797	12	9	17
15	6	20	4,450	6	0	18
16	1	12	4,489	11	0	18
17	2	3	9,572	13	14	19
18	1	6	11,028	16	15	19
19	1	2	12,940	18	17	0

Dendrogram

```
* * * * * * H I E R A R C H I C A L   C L U S T E R
A N A L Y S I S * *
```

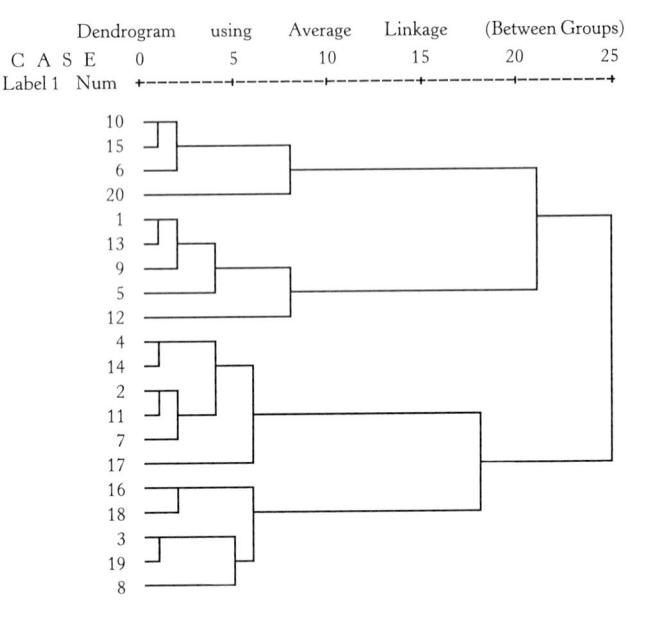

Os principais resultados apresentados pelo *software* são a matriz de dissimilaridade, *agglomeration schedule* e o dendograma.

♦ Método *k-Means*

Na Figura 6, encontramos a ilustração da tela para a realização do método *k-means*. Os passos a serem seguidos são:

1- No quadro <u>V</u>ariables, deve-se selecionar as variáveis que farão parte da análise (a seleção deve ser feita no quadro à esquerda).

2- Em Label Cases B<u>y</u>, pode-se indicar a variável que contém o nome dos objetos.

3- N<u>u</u>mber of Clusters: Número de grupos a serem formados (2, 3, 4 etc.).

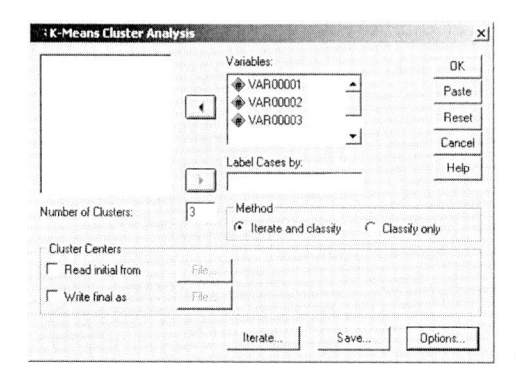

Figura 6 – Tela com opção de escolha de variáveis.

4- O comando Options fornece as possibilidades de *output* (Figura 7):

INITIAL CLUSTER CENTERS: Valores do centro de cada grupo.

ANOVA: Realiza Análise de Variância para cada variável nos grupos formados. Desta forma, cada grupo formado pelo método *k-means* torna-se um grupo da Análise de Variância, isso para cada variável utilizada.

CLUSTER INFORMATION: Identifica cada objeto em seu respectivo grupo (representado no *output* pelo título de *Case listing of Cluster membership*), bem como lista a distância de cada objeto ao centro de seu grupo. Este comando deve ser sempre acionado.

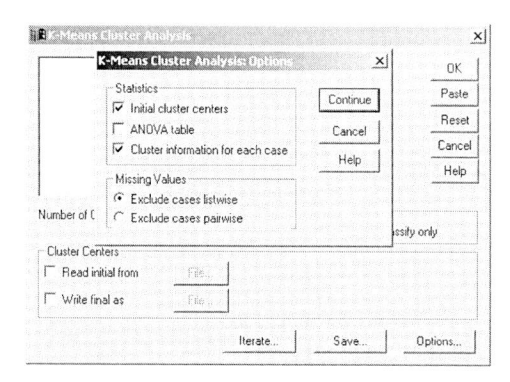

Figura 7 – Opções.

Os principais resultados para o conjunto de dados são apresentados a seguir (*output* do *software*):

Quick Cluster

Initial Cluster Centers

	Cluster		
	1	2	3
VAR0001	72,00	80,00	79,00
VAR0002	47,00	40,00	55,00
VAR0003	81,00	89,00	88,00

Iteration History

	Change in Cluster Centers		
Iteration	1	2	3
1	1,510	2,876	1,625
2	,000	,000	,000

a. Convergence achieved due to no or small change in cluster centers. The maximum absolute coordinate change for any center is ,000. The current iteration is 2. The minimum distance between initial centers is 12,728.

Initial Cluster Centers

Case Number	Cluster	Distance
1	1	,693
2	2	4,634
3	3	1,625
4	2	2,944
5	1	2,069
6	2	6,056
7	2	4,677
8	3	2,200
9	1	1,637
10	2	7,033
11	2	5,392
12	1	3,447
13	1	1,510
14	2	2,339
15	2	7,738
16	3	2,577
17	2	4,845
18	3	1,800
19	3	2,332
20	2	2,876

Final Cluster Centers

	Cluster		
	1	2	3
VAR0001	72,40	80,70	78,80
VAR0002	45,60	42,70	53,40
VAR0003	81,40	89,70	87,80

Distance Between Final Cluster Centers

Cluster	1	2	3
1		12,091	11,948
2	12,091		11,032
3	11,948	11,032	

Number of Cases in each Cluster

Cluster	1	5,000
	2	10,000
	3	5,000
Valid		20,000
Missing		,000

MINITAB

A versão 14.0 do Minitab[2] apresenta as mesmas opções de medidas de similaridade e de metodologias de agrupamento de versões anteriores, porém suas apresentações gráficas têm mais qualidade.

A tela principal é mostrada na Figura 8:

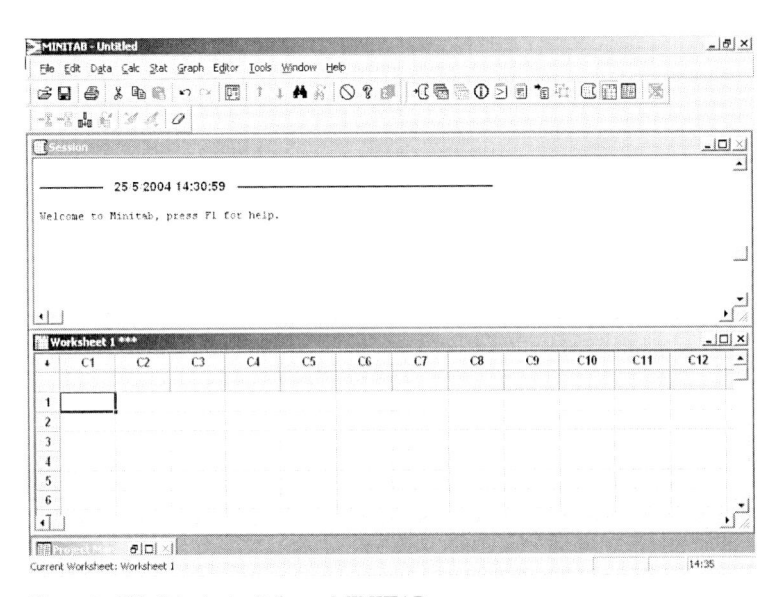

Figura 8 – Tela Principal – *Software* MINITAB.

A parte superior da Figura 8 apresenta os diversos comandos, entre eles o comando STA, que proporciona ao usuário escolher as diversas análises estatísticas. A janela *Session* é reservada para apresentar os resultados (*output*). A planilha para entrada de dados é denotada por *Worksheet*.

Para se desenvolver os procedimentos necessários para realizar a Análise de Agrupamentos utilizando o *software* Minitab, utilizam-se os mesmos dados de três medidas, analisadas anteriormente, dos 20 animais, Quadro 1.

---

2 Disponível em: http://www.minitab.com/>. Acesso em: junho de 2004.

Quadro 1 – Medidas de 20 animais.

	Animais																			
	1	2	3	4	5	6	7	8	9	10	11	12	13	14	15	16	17	18	19	20
Medida 1	72	83	79	82	71	78	82	80	73	77	83	74	72	81	77	77	84	78	80	80
Medida 2	46	46	55	45	45	38	47	52	47	38	47	43	47	45	37	53	44	52	55	40
Medida 3	81	92	88	91	80	87	91	89	82	86	92	83	81	90	86	86	93	87	89	89

Cada uma das medidas é inserida em colunas (C1, C2 e C3). Após inserção dos dados, vista ao fundo na Figura 9, deve-se acionar o comando *Stat* e, posteriormente, *Multivariate*. Nesse momento o usuário deve escolher qual análise irá desenvolver.

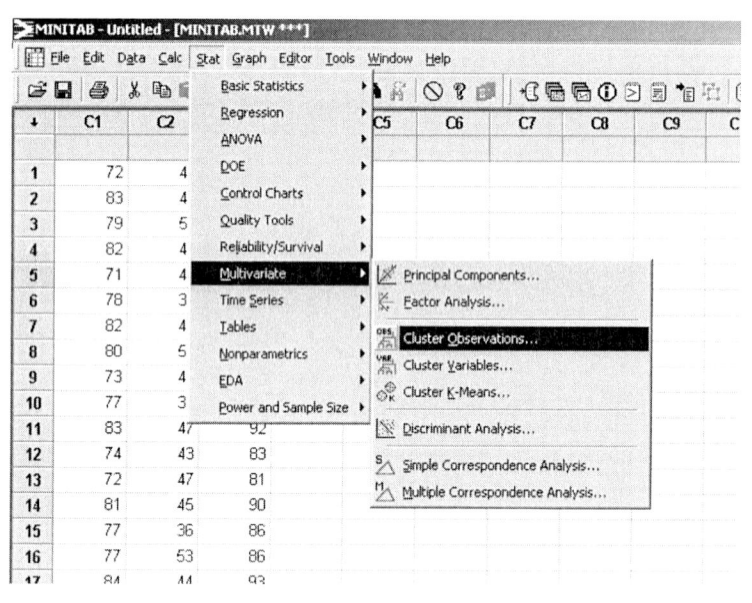

Figura 9 – Opções de Análise de Agrupamentos.

Inicialmente serão apresentados os principais passos para se realizar a Análise de Agrupamentos através de métodos hierárquicos. Por essa razão, deve-se selecionar *"Cluster Observation"*.

♦ Método hierárquico aglomerativo (Cluster Observation)

A Figura 10 apresenta a tela com as opções para seleção das colunas em que foram adicionadas as medidas (C1, C2 e C3). É possível também apresentar os dados através da matriz de distância (caso menos usual).

Para a escolha da metodologia de agrupamento, o Minitab apresenta as seguintes opções em *Linkage Method*:

- Average
- Centroid
- Complete
- McQuitty
- Median
- Single
- Ward

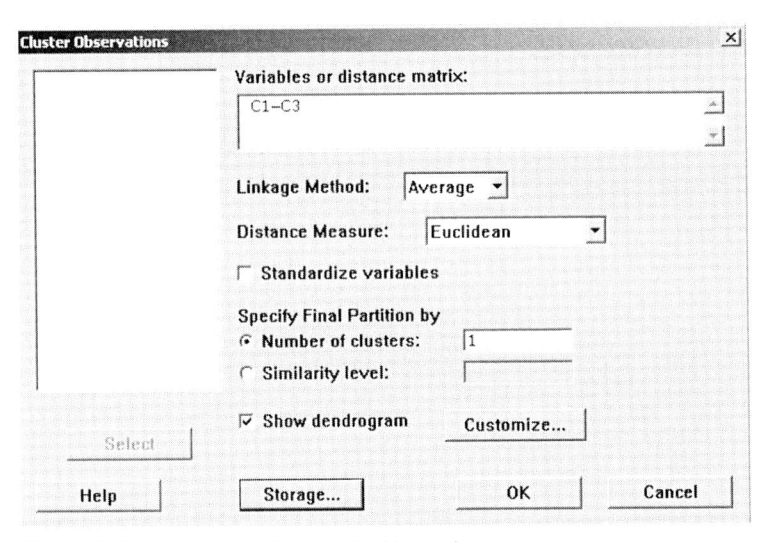

Figura 10 – Comandos para efetuar análise hierárquica.

Na mesma tela deve-se escolher o tipo de medida de distância no comando *Distance Measure*. As medidas oferecidas são:

- *Euclidean*
- *Manhattan*
- *Pearson*
- *Square Euclidean*
- *Square Pearson*

O usuário pode usar a opção de padronizar os dados (comando *Standardize variable*) através da padronização da Normal Reduzida e obter o dendograma (Figura 11). A seguir, vemos os principais resultados oferecidos pelo Minitab versão 14.0 para se realizar o agrupamento dos 20 animais. Utilizamos o método Average com a medida euclidiana, os resultados apresentados são:

Cluster Analysis of Observations: C1; C2; C3

```
Amalgamation Steps
```

Step	Number of clusters	Similarity level	Distance level	Clusters joined		New cluster	Number of obs. in new cluster
1	19	94,5926	1,0000	10	15	10	2
2	18	94,5926	1,0000	1	13	1	2
3	17	94,5926	1,0000	2	11	2	2
4	16	92,3528	1,4142	3	19	3	2
5	15	92,3528	1,4142	4	14	4	2
6	14	91,4935	1,5731	6	10	6	3
7	13	91,4935	1,5731	1	9	1	3
8	12	91,4935	1,5731	2	7	2	3
9	11	90,6341	1,7321	16	18	16	2
10	10	86,3958	2,5159	2	4	2	5
11	9	86,2190	2,5485	1	5	1	4
12	8	82,9218	3,1583	3	8	3	3
13	7	81,3466	3,4496	2	17	2	6
14	6	79,4686	3,7969	3	16	3	5
15	5	75,9359	4,4502	6	20	6	4
16	4	75,7274	4,4888	1	12	1	5
17	3	48,2410	9,5719	2	3	2	11
18	2	40,3666	11,0282	1	6	1	9
19	1	30,0285	12,9400	1	2	1	20

```
Number of clusters: 3
                            Within    Average   Maximum
                           cluster   distance  distance
                Number of   sum of       from      from
             observations  squares   centroid  centroid
Cluster1                5   21,600    1,87108   3,44674
Cluster2               11  278,909    4,84999   6,86288
Cluster3                4   16,750    1,72491   3,32603


Cluster Centroids
                                                 Grand
Variable   Cluster1   Cluster2   Cluster3     centroid
C1            72,4     80,8182      78,00        78,15
C2            45,6     49,1818      38,25        46,10
C3            81,4     89,8182      87,00        87,15

Distances Between Cluster Centroids

            Cluster1   Cluster2   Cluster3
Cluster1      0,0000    12,4323    10,8047
Cluster2     12,4323     0,0000    11,6357
Cluster3     10,8047    11,6357     0,0000
```

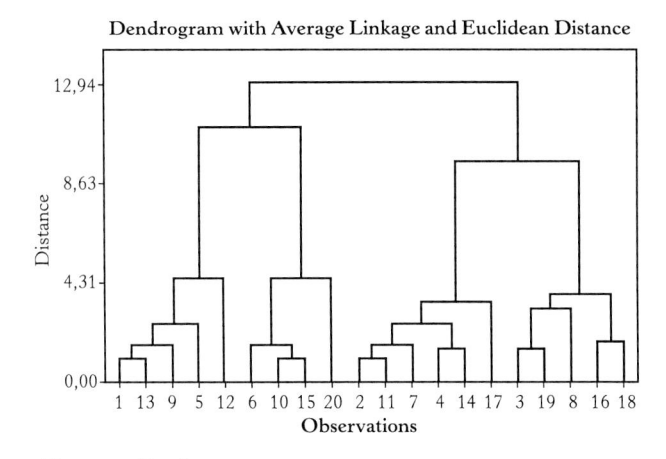

Figura 11 – Dendograma.

A seguir, os principais passos para realizar o método *k-means*.

◆ Método *K-means*

Ao se escolher a opção *k-means*, o usuário deve selecionar as variáveis com as mensurações desejadas, como apresentado na Figura 12 (está se utilizando o mesmo exemplo das medidas dos 20 animais).

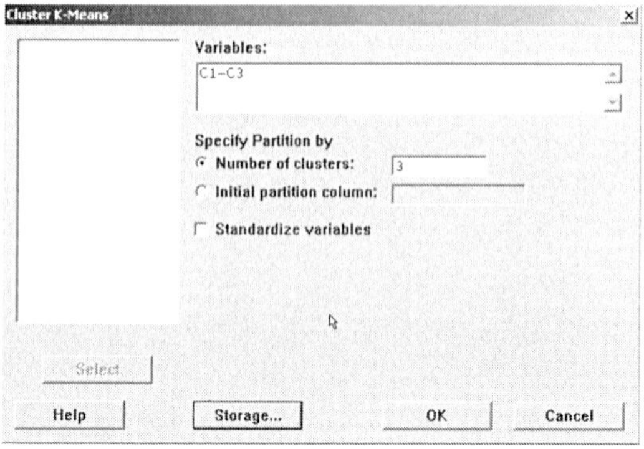

Figura 12 – Janela *k-means*.

É obrigatório preencher a opção *Number of cluters* (número de Clusters). O usuário conta com a possibilidade de padronizar os dados (Standardize variables) e dispor de codificação para indicar a qual grupo cada objeto pertence. Esta opção é fornecida quando selecionado o botão Storage. Na janela apresentada (Figura 13), a coluna c7 é indicada para receber os códigos de identificação de cada grupo (Figura 14). Resultados como distância entre os grupos (Cluster), distância média para cada centróide e outros podem ser obtidos na saída dos resultados.

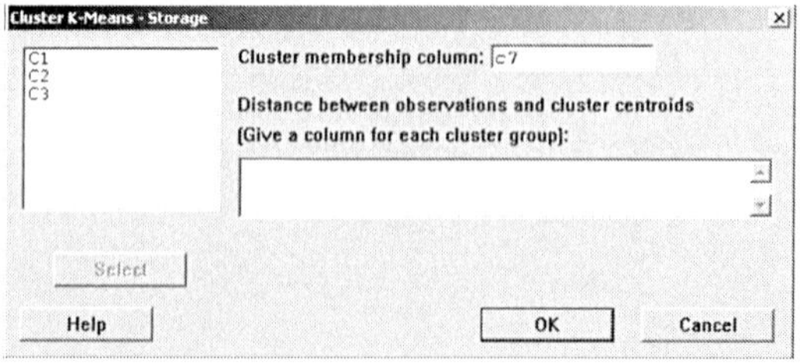

Figura 13 – Opção Storage.

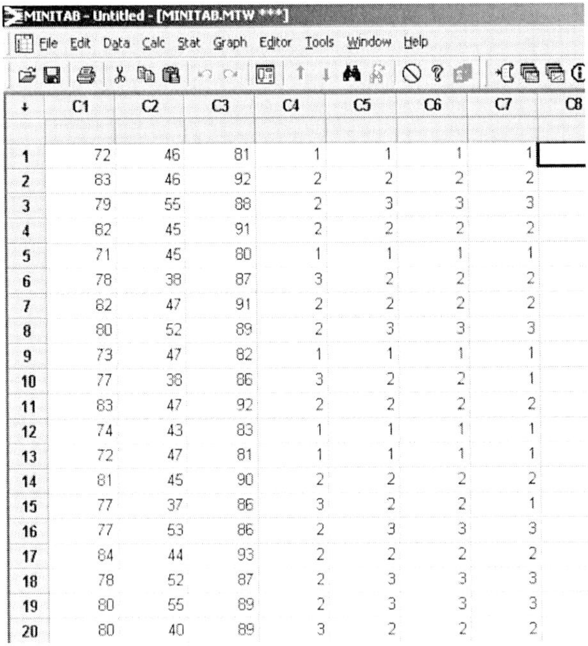

	C1	C2	C3	C4	C5	C6	C7	C8
1	72	46	81	1	1	1	1	
2	83	46	92	2	2	2	2	
3	79	55	88	2	3	3	3	
4	82	45	91	2	2	2	2	
5	71	45	80	1	1	1	1	
6	78	38	87	3	2	2	2	
7	82	47	91	2	2	2	2	
8	80	52	89	2	3	3	3	
9	73	47	82	1	1	1	1	
10	77	38	86	3	2	2	1	
11	83	47	92	2	2	2	2	
12	74	43	83	1	1	1	1	
13	72	47	81	1	1	1	1	
14	81	45	90	2	2	2	2	
15	77	37	86	3	2	2	1	
16	77	53	86	2	3	3	3	
17	84	44	93	2	2	2	2	
18	78	52	87	2	3	3	3	
19	80	55	89	2	3	3	3	
20	80	40	89	3	2	2	2	

Figura 14 – Identificação dos grupos.

As colunas c4, c5 e c6 apresentam resultados de técnicas hierárquicas. Esses procedimentos devem ser realizados visando garantir a melhor partição.

A saída dos resultados é dada por:

K-means Cluster Analysis: C1; C2; C3

```
Final Partition


Number of clusters: 3


                          Within    Average   Maximum
                          cluster   distance  distance
             Number of    sum of    from      from
             observations squares   centroid  centroid
Cluster1     7            176,286   4,497     7,817
Cluster2     8            127,750   3,468     7,892
Cluster3     5            22,800    2,107     2,577
```

```
Cluster Centroids

                                          Grand
Variable   Cluster1   Cluster2   Cluster3  centroid
C1          73,7143    81,6250    78,8000   78,1500
C2          43,2857    44,0000    53,4000   46,1000
C3          82,7143    90,6250    87,8000   87,1500

Distances Between Cluster Centroids

            Cluster1   Cluster2   Cluster3
Cluster1     0,0000    11,2102    12,4108
Cluster2    11,2102     0,0000    10,2138
Cluster3    12,4108    10,2138     0,0000
```

Os resultados obtidos pelo *software* Minitab são os mesmos obtidos pelo SPSS, e sua análise é semelhante.

Past

O software PAST, versão 1.38,[3] apresenta as opções da Análise de Agrupamentos hierárquica e não-hierárquica.

Para as análises hierárquicas, conta com três algoritmos e diversas medidas de similaridade e dissimilaridade. Este programa computacional é livre e possui uma série de ferramentas estatísticas interessantes. O usuário pode realizar a gravação do programa (*download*) acessando o endereço na internet.[3]

Da mesma maneira, para se desenvolver os procedimentos necessários para realizar a Análise de Agrupamentos utilizando o *software* PAST, utilizam-se os mesmos dados de três medidas dos 20 animais, analisadas anteriormente.

Ao se acessar o *software*, a primeira tela a ser exibida é a que fornece a janela para inserção das medidas dos animais.

A Figura 15 apresenta os dados inseridos na planilha e selecionados pelo usuário. É importante chamar a atenção do leitor para o procedimento requerido neste programa computacional. Após a inserção dos dados, o usuário deve selecionar as variáveis para realizar os procedimentos necessários (Figura 15).

---

3 Disponível em: <http://folk.uio. no/ohammer/past/>.

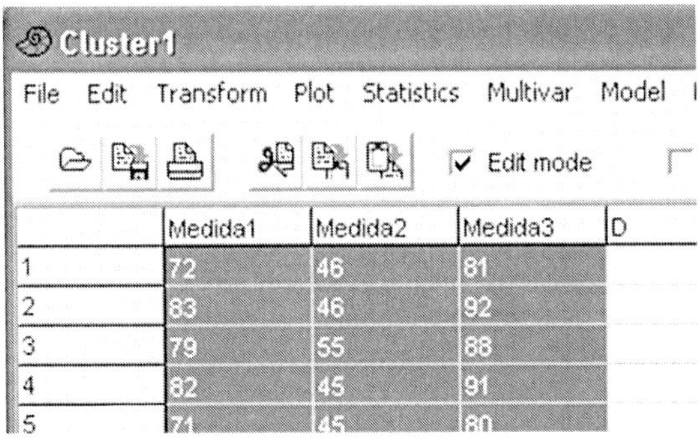

Figura 15 – Dados selecionados.

♦ Método hierárquico aglomerativo

Inicialmente serão apresentados os procedimentos para utilizar a metodologia hierárquica aglomerativa. O usuário deve selecionar o comando *Multivar* e *Cluster Analysis*, como mostra a Figura 16.

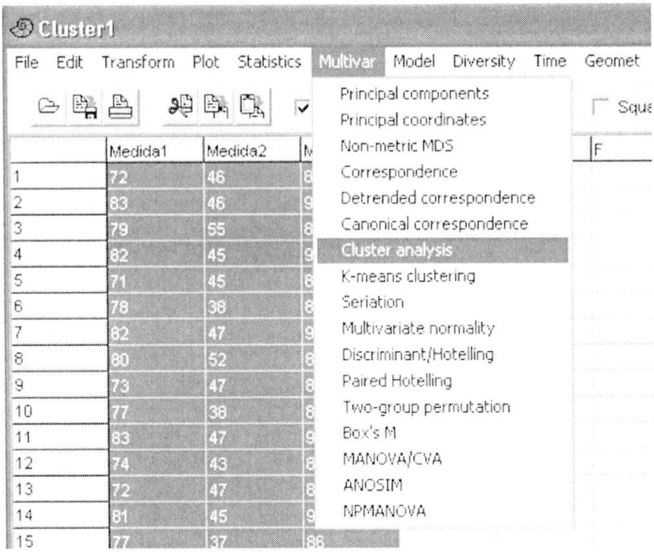

Figura 16 – Procedimentos métodos hierárquicos aglomerativos.

O resultado será apresentado pelo dendograma em uma nova janela com diversas opções, como se vê na Figura 17.

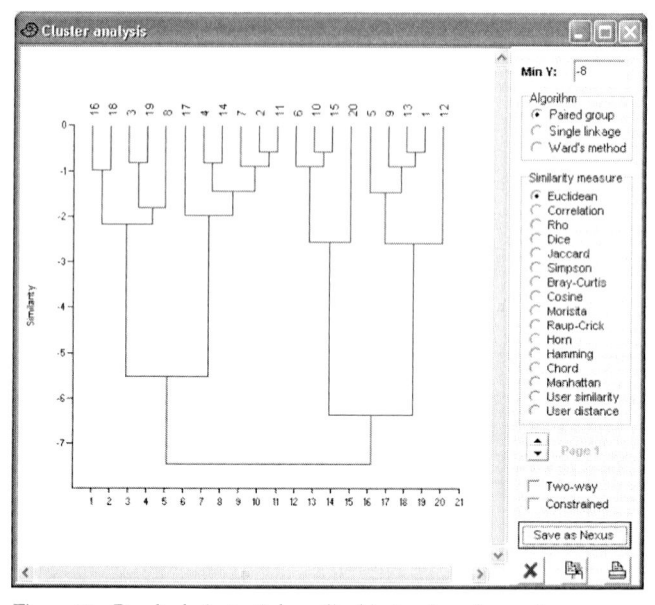

Figura 17 – Resultado (*output*) da análise hierárquica aglomerativa.

O resultado apresentado pelo dendograma tem como padrão a medida de similaridade euclidiana e o algoritmo Distância Média, também chamada de *Average Linkage* (*Paired group*), descrita no Capítulo 4. O usuário pode escolher os métodos representados pelos algoritmos Vizinho Mais Próximo (*Single Linkage*) ou Método de Ward (*War's Method*), ambos descritos no Capítulo 4. Diversas medidas de similaridade podem ser escolhidas. Algumas estão descritas no Capítulo 2, outras são características de estudos ecológicos em que se procura mensurar a diversidade das espécies em estudo. Tais medidas são apresentadas com detalhes na documentação (*documentation*) do endereço <http://folk.uio.no/ohammer/past/>.

A escolha da medida deve obedecer à mensuração das variáveis em análise.

♦ Método *K-MEANS*

Para dar início ao procedimento de agrupamentos utilizando o algoritmo *k-means* (descrito no Capítulo 4), deve-se selecionar as colunas em que estão inseridos os dados e acionar o comando *Multivar* e, posteriormente, *k-means clustering* (Figura 18).

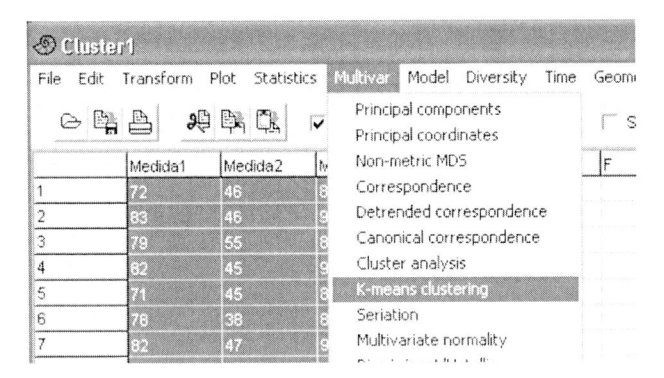

Figura 18 – Agrupamentos – *K-means*.

Como ficou evidenciado anteriormente, o usuário deve indicar o número de grupos, o que é possível na janela apresentada (Figura 19). Os resultados são listados em uma nova janela (Figura 20) em que se observa o item "animais" e o grupo a que pertencem. É possível copiar os resultados e transferi-los para qualquer editor de texto.

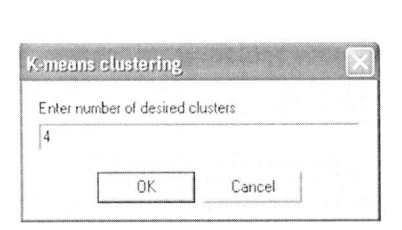

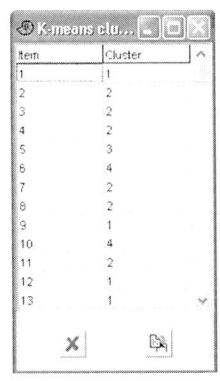

Figura 19 – Número de grupos.   Figura 20 – Resultados.

7
Aplicações práticas

Mortalidade devido a causas violentas no interior do estado de São Paulo[1]

O estudo da mortalidade permite conhecer as estruturas de uma sociedade, visto que o fenômeno individual depende de fatores biológicos estreitamente ligados ao coletivo, ao social.

A mortalidade devido a causas violentas vem assumindo proporções preocupantes. Vários trabalhos apontam que a redução desse tipo de mortalidade traria um aumento da esperança de vida entre os 5 e 50 anos de idade. A redução da mortalidade é próxima a 25% para a faixa etária entre 40 a 50 anos e alcança 60% na faixa etária entre 15 a 30 anos.

Este livro descreve a evolução da mortalidade devido a causas violentas no interior do estado de São Paulo, para avaliar o impacto do

[1] O primeiro trabalho, intitulado *Mortalidade devido a causas violentas no interior do estado de São Paulo*, utiliza a Análise de Agrupamentos para reunir regiões do estado de São Paulo em grupos homogêneos em relação aos níveis de industrialização e urbanização. Os coeficientes das mortalidades violentas serão analisados nos grupos formados pela Análise de Agrupamentos, procurando mostrar a situação desse estado em 1970 e 1985.

processo de industrialização e urbanização sobre estas causas de morte, bem como o peso das mortes violentas sobre a mortalidade geral em dois períodos, os anos 1970 e 1985. Esses dois períodos foram escolhidos porque o ano de 1970 é o marco da industrialização do interior paulista; nesse ano, segundo informações censitárias, pode-se destacar que o interior de São Paulo era responsável por 25% do produto industrial paulista, enquanto 1985 aparece com 70% do produto industrial. Esses dois percentuais, por si sós, indicam uma reestruturação socioeconômica do interior. Não resta dúvida de que essa reestruturação atinge diferentemente as diversas regiões, fazendo com que a dinâmica da população se altere, visto que no processo de industrialização do interior apenas algumas regiões foram atingidas. As regiões administrativas mais afetadas pela industrialização (desconcentração) são aquelas próximas à capital de São Paulo, a saber, Vale do Paraíba e Campinas. Em seguida, em menor grau, as regiões de Sorocaba, Ribeirão Preto e Bauru, e, como último grupo, aparecem as regiões de São José do Rio Preto, Araçatuba, Presidente Prudente e Marília. Nota-se também que poucos foram os segmentos industriais com localização articulada.

Neste livro estão descritas as 42 regiões de governo definidas por lei, o que possibilitará que o leitor perceba nuances regionais de importância.

As variáveis utilizadas se justificam pela maneira como definem o perfil das regiões estudadas. Assim, mortalidade, industrialização, urbanização, saneamento básico, educação e saúde são suficientes como indicadores, pois é necessário caracterizar as diversas regiões, já que o processo de mortalidade está diretamente ligado à situação socioeconômica da população. Há outras variáveis que poderiam ser incluídas na investigação, mas não foram ou por apresentarem muitas falhas de informação, ou por inexistência de informação para um dos anos em foco.

Por meio da Análise de Agrupamentos, segundo variáveis industriais e de urbanização, as regiões serão aglutinadas em grupos, que servirão para uma posterior comparação de mortalidade violenta.

Objetos

Os objetos a serem agrupados constituem as 42 regiões de governo do estado de São Paulo, exceto a grande São Paulo, criadas pelo Decreto Estadual nº 22.970, de 29/11/1984, apresentadas a seguir:

Quadro 1 – Regiões de governo do estado de São Paulo.

Registro	Sorocaba	Ribeirão Preto	Andradina
Santos	Bragança Paulista	São Carlos	Araçatuba
Caraguatatuba	Campinas	Bauru	Adamantina
Cruzeiro	Jundiaí	Franca	Dracena
Guaratinguetá	Limeira	Jaú	Presidente Prudente
São José dos Campos	Piracicaba	Lins	Assis
Taubaté	Rio Claro	Catanduva	Marília
Avaré	São João da Boa Vista	Fernandópolis	Ourinhos
Botucatu	Araraquara	Jales	Tupã
Itapetininga	São José do Rio Preto	Barretos	
Itapeva	São Joaquim da Barra	Votuporanga	

Variáveis de agrupamento

As variáveis utilizadas para os agrupamentos dos objetos citados anteriormente são as apresentadas no Quadro 2:

Quadro 2 – Variáveis.

Número de pessoas ligadas à produção industrial
Número total de pessoas ligadas à indústria
Valor do salário na indústria
Valor da transformação industrial
Número de pessoas que residem em zona urbana (Urbanização)

Variáveis respostas

Serão utilizadas como variáveis respostas, após a obtenção dos grupos, as variáveis de mortalidade violenta:

Quadro 3 – Variáveis respostas.

Número de acidentes de veículos e motos
Número dos demais acidentes
Número de suicídios e lesões auto infligidas
Número de homicídios
Número das demais causas externas

Análise estatística

Ao escrever este livro utilizei, quando possível, taxas ou proporções.

A análise estatística foi feita utilizando-se a Análise de Agrupamentos, por meio do método hierárquico *Complete Linkage*, com análise dos resultados do procedimento chamado "parada" (*Amalgamation*), de maneira a juntar as diversas regiões de governo em grupos que apresentam características internas similares e externas distintas. Posteriormente, usou-se a técnica descritiva *box-blot*, para visualização do comportamento das variáveis respostas em cada grupo.

Como os dados para essas variáveis são fornecidos em unidades ou escalas diferentes, utilizou-se a transformação da variável da seguinte forma:

$$\text{Variável} = X \ / \ X\text{Máximo}$$

Dessa maneira, todas as variáveis estão no intervalo de zero a um, evitando-se, assim, o enviesamento dos resultados.

Na Figura 1 vê se o dendograma para o ano de 1970, utilizando-se a distância euclidiana *Complete Linkage*.

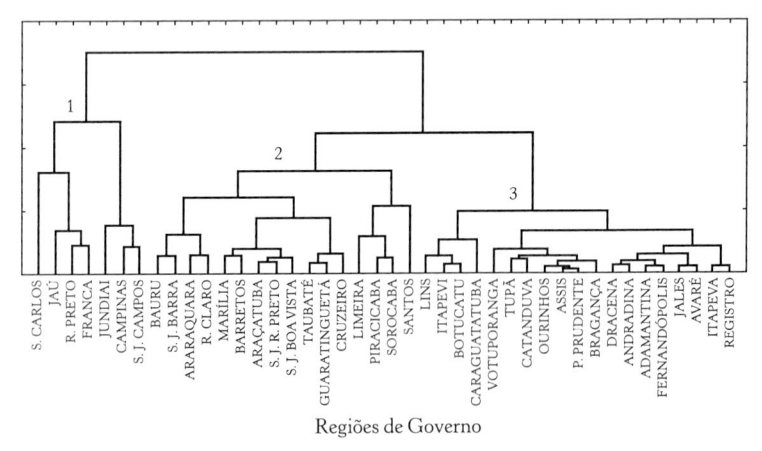

Figura 1 – Dendograma para Variáveis Industriais e de Urbanização – 1970.

Com base no dendograma apresentado, optou-se por reunir as regiões de governos em três grandes grupos. O primeiro, composto por São Carlos, Jaú, Ribeirão Preto, Franca, Jundiaí, Campinas e São José dos Campos, foi denominado de ALTINDUS (por possuir altas taxas industriais e urbanas); o segundo grupo, que engloba Bauru, São Joaquim da Barra, Araraquara [...] Santos, foi chamado de INDUS (Regiões em início de industrialização ou estagnadas, como é o caso de Sorocaba, e taxas de urbanização inferior ao grupo anterior); o terceiro grande grupo, composto por Lins, Itapetininga, Botucatu [...] Registro, foi denominado de NÃO-INDUS por apresentar as menores taxas para as variáveis analisadas (v. Figura 2).

Figura 2 – Mapa representativo dos grupos industriais – 1977.

O mesmo procedimento será adotado para o ano de 1985, buscando-se novamente três grandes grupos que representem situações industriais e urbanas semelhantes aos grupos compostos para 1970 (v. Figura 3).

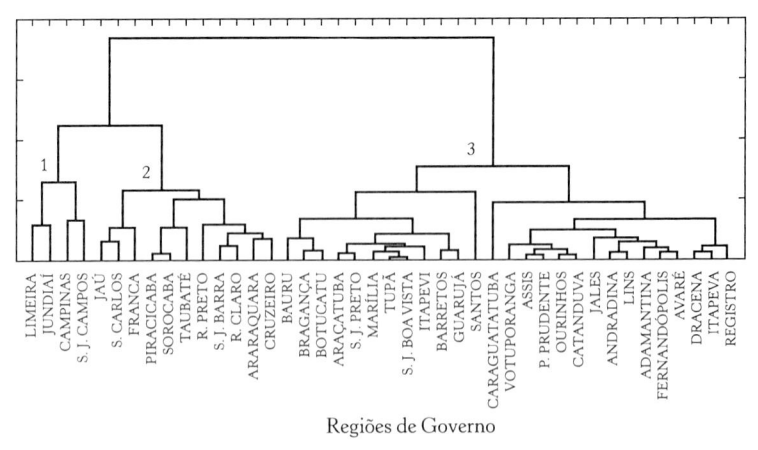

Regiões de Governo

Figura 3 – Dendograma para Variáveis Industriais e de Urbanização – 1985.

Da mesma maneira, o grupo 1, composto por Limeira, Jundiaí, Campinas e São José dos Campos, recebe a denominação de AL-TINDUS; o grupo 2, INDUS, e o grupo 3, NÃO-INDUS. É importante observar que as variáveis foram coletadas sem se levar em consideração os diversos ramos da indústria, ou seja, não se fez distinção da indústria metalúrgica para a têxtil ou de produtos alimentares.

Por meio da Figura 3 pode-se verificar as mudanças ocorridas no interior do estado de São Paulo. Várias regiões se consolidaram dentro do setor industrial, principalmente aquelas próximas à capital. O grupo 2, que na Figura 1 apresentava determinadas regiões como Araçatuba, São José do Rio Preto etc., mostra-se com um número menor de regiões em 1985. A região de governo de Santos merece uma observação, uma vez que, em 1985, se encontra no terceiro grupo. Esta região destaca-se por sua participação nos setores de construção civil e prestação de serviço, mas sua participação no setor da indústria de transformação é bastante inexpressiva, igualando-se às regiões tipicamente agropecuárias.

Considerando-se os grupos criados pelos dendogramas, serão analisadas as mortalidades devido a causas violentas nos dois anos em estudo. Para esse fim, construí gráficos *Box-Plot* da percentagem das mortes violentas em relação ao total de mortes.

Figura 4 – Mapa representativo dos grupos industriais – 1985

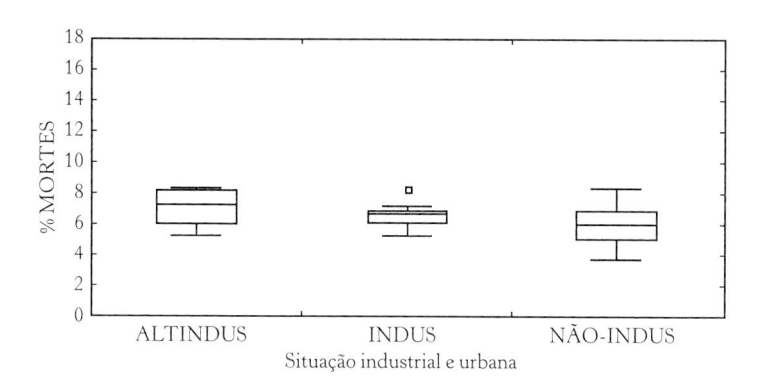

Figura 5 – Box Plot – Total de Mortes Violentas – 1970.

Pela análise da Figura 5 pode-se notar que a mediana do grupo ALTINDUS é um pouco maior que a mediana dos demais grupos. O grupo denominado INDUS tem uma homogeneidade maior, sendo que a região de Santos apresenta o valor anômalo de 8,61%. Com relação ao grupo NÃO-INDUS, nota-se que sua mediana é a menor, mas que a variabilidade da mortalidade violenta é grande.

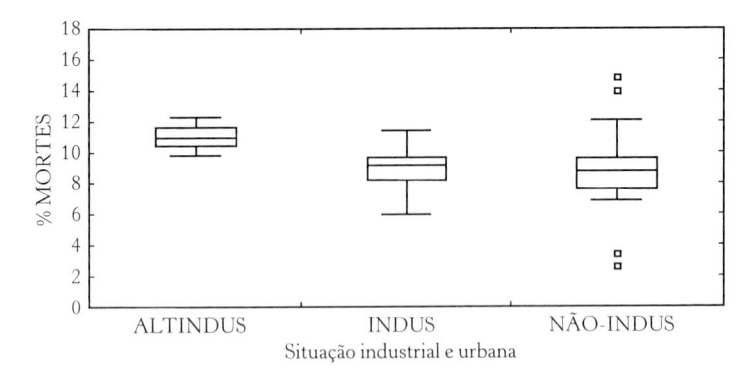

Figura 6 – Box Plot – Total de Mortes Violentas – 1985.

A Figura 6 apresenta para o grupo ALTINDUS a maior das medianas, enquanto os outros dois grupos têm valores medianos bastante próximos. No grupo NÃO-INDUS destacam-se, devido a seus altos valores, as regiões de Registro (15,16%) e de Caraguatatuba (14,24%), enquanto as menores percentagens são de Guaratinguetá (2,45%) e Itapetininga (3,35%). Tais regiões são representadas na Figura 6 pelos círculos chamados de *outliers*[2] (valores "afastados" do centro da distribuição).

Na análise conjunta dos dois gráficos (Figuras 5 e 6), fica claro o aumento de mortalidade violenta, pois a faixa percentual em que se situavam os três grupos em 1970 se desloca para níveis maiores. Nota-se também que é possível diferenciar o grupo ALTINDUS dos demais grupos em 1985, situação menos nítida em 1970.

A partir dessas constatações, serão analisadas, para os dois anos em estudo, as mortalidades por veículos a motor e homicídios, por serem as causas que mais cresceram.

---

2   Para que tais valores sejam caracterizados dessa forma, usa-se a regra:
   outliers = ponto > LS + Coef * (LS - LI) ou
   outliers = ponto < LI - Coef * (LS - LI) em que
   LS = Limite Superior (75° percentil), LI = Limite Inferior (25° percentil) e
   Coef = 1.5

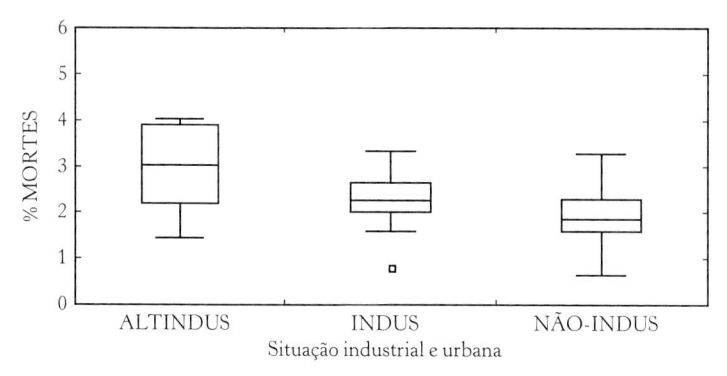

Figura 7 – Box Plot – Mortalidades por Veículas a Motor – 1970.

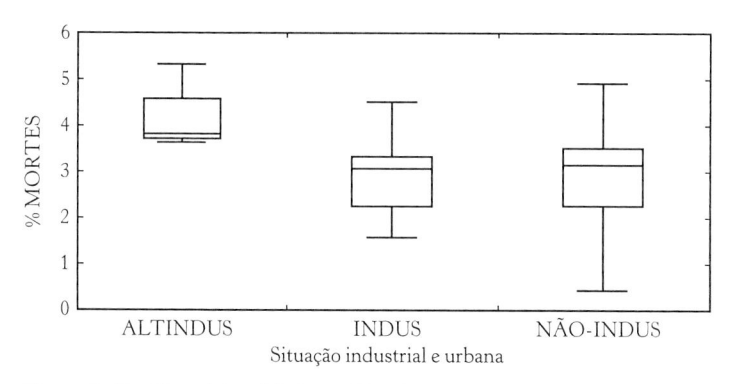

Figura 8 – Box Plot – Mortalidades por Veículas a Motor – 1985.

Pelas Figuras 7 e 8, nota-se um acréscimo neste tipo de mortalidade nos três grupos e, mais uma vez, o grupo ALTINDUS se distingue dos demais em 1985. A grande abrangência do grupo NÃO-INDUS, indicada na Figura 8, mostra a heterogeneidade deste grupo em relação à mortalidade causada por veículos a motor.

A semelhança entre os três grupos fica evidenciada no ano de 1970, na Figura 9, enquanto o grupo ALTINDUS se destaca dos demais em 1985. Além dessa diferenciação, algumas regiões do grupo NÃO-INDUS apresentam valores elevados para este tipo de mortalidade, como é o caso de Caraguatatuba (3,86%), Registro (3,33%) e Santos (3,10%).

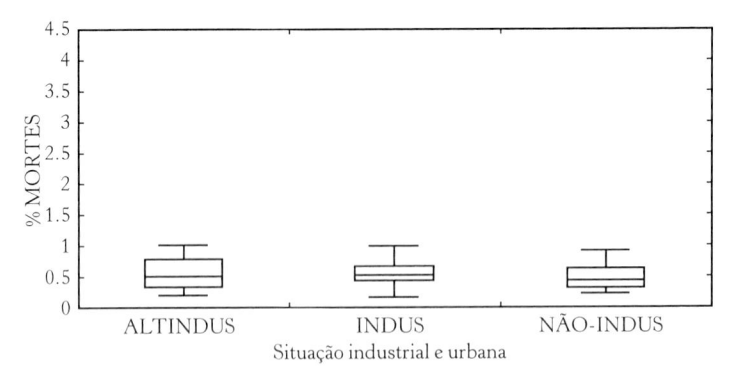

Figura 9 – Box Plot – Mortalidades por homicídio – 1970.

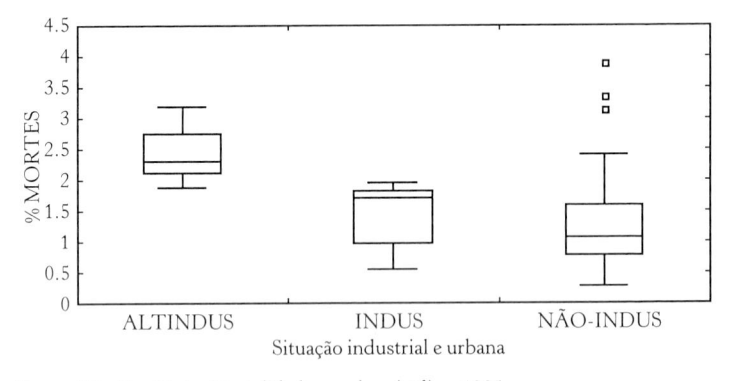

Figura 10 – Box Plot – Mortalidades por homicídio – 1985.

Conclusão

Entre as características mais importantes observadas nos resultados obtidos, pode-se destacar as seguintes:

1. Quando se analisa a mortalidade violenta, em 1985, fica claro que o grupo chamado ALTINDUS tem valor mediano superior ao outros dois grupos, INDUS e NÃO-INDUS. O mesmo resultado ocorre para homicídios. Além disso, o grupo ALTINDUS se isola dos demais, apresentando característi-

ca bastante diferenciada; o mesmo não acontece com o grupo INDUS, que, apesar de ter mediana maior que a do grupo NÃO-INDUS, mostra-se semelhante a este. O resultado descrito anteriormente não ocorre ao se analisar tais grupos em 1970.

2. Para a mortalidade causada por veículos a motor, verifica-se que a mediana do grupo ALTINDUS é maior que a dos demais grupos, tanto em 1970 como em 1985; mas esse valor, além de crescer, mostra-se mais distante das demais medianas.

Dessa maneira, esses resultados mostram um crescimento bastante acentuado na mortalidade violenta abrangendo grande parte do interior paulista. Cabe lembrar que os processos industriais, responsáveis por um alto grau de urbanização, colaboraram para que a morte violenta alcançasse patamares elevados, muito em função da falta de planejamento nas diversas regiões que receberam grandes fluxos migratórios.

No estado de São Paulo, apesar das melhores condições de vida em relação ao restante do país, o monitoramento deste tipo de mortalidade deveria receber atenção especial, por fornecer informações que podem servir de subsídios a decisões de órgãos governamentais, em planos de desenvolvimento equânimes.

Saúde infantil e serviços básicos de saúde – Município de Embu – 1996

O objetivo do segundo trabalho[3] prático é a divisão do município (área urbana) da cidade de Embu, em São Paulo, em estratos geográficos homogêneos, para posterior estudo amostral envolvendo análises das condições de saúde.

---

3 Adaptado de Strufaldi, Puccini, Pedroso *et al* (2003, pp. 421-428).

O trabalho desenvolvido no município de Embu visou, entre outros objetivos, avaliar o Programa de Atenção à Saúde da Criança, testar tecnologias simplificadas que viabilizassem a realização de inquéritos de morbidade para o nível municipal do sistema de saúde, conhecer o perfil de morbidade da população menor de 5 anos, identificar grupos de risco e produzir sistemas de referências informatizados da área residencial do Embu.

Objetos

Os objetos a serem agrupados constituem os 135 setores censitários de 1991 do município de Embu.

Variáveis de agrupamento

As variáveis utilizadas para a realização do agrupamento (v. Quadro 4) dos objetos foram as seguintes:

Quadro 4 – Variáveis do Censo de 1991 – Embu (SP).

Número de casas isoladas/condomínio
Número de casas em conjuntos residenciais populares
Número de casas em aglomerado subnormal
Número de apartamentos isolados/condomínios
Número de casas com abastecimento de água com canal interno
Número de casas com abastecimento de água – rede geral
Número de casas com instalação sanitária no domicílio
Número de casas com lixo coletado
Número de pessoas com 15 anos ou mais de instrução
Número de pessoas com rendimento até meio salário mínimo
Densidade (nº médio de pessoas por domicílio dividido por nº médio de cômodos)
Número total de chefes alfabetizados
Número de domicílios com 4 moradores
Número de domicílios com 10 e mais moradores

Variáveis respostas

As variáveis (resumo) analisadas (v. Quadro 5) após a obtenção dos estratos (grupos) foram:

Quadro 5 – Variáveis respostas.

Número de residências localizadas em área residencial
Número de ruas asfaltadas
Número de ruas com esgoto a céu aberto
Número de residências com esgoto a céu aberto

As variáveis citadas anteriormente (Quadro 4) fazem parte de um rol maior de variáveis analisadas no trabalho original, as quais espelham a condição de vida dos moradores dos estratos analisados.

Análise estatística

Para o agrupamento dos setores censitários foi utilizada a Análise de Agrupamentos por meio dos métodos hierárquicos Distância Média e, posteriormente, Vizinho mais Distante e Método de Ward, combinando a estrutura mais freqüente.

Tais agrupamentos serviram como estratos para a realização da amostragem feita – conglomerados em dois estágios. O primeiro estágio consistiu no sorteio de dez setores censitários sob o critério de partilha proporcional ao número de domicílios existentes em cada estrato. Para o segundo estágio, foram sorteados 150 domicílios para o grupo de sujeitos com menos de 1 ano e 50 domicílios para sujeitos entre 1 e 4 anos. Além da Análise de Agrupamentos, foram calculados percentagem, erro-padrão, intervalo de confiança e qui-quadrado para as variáveis citadas.

O resultado da Análise de Agrupamentos forneceu três grupos; um dos grupos foi desmembrado em dois através de critérios geográficos, resultando um total de quatro grandes grupos (setores), como mostra a Tabela 1.

Tabela 1 – Distribuição de setores e domicílios por estratos.

Estratos	Setores	Domicílios
1	17	2.542
2	67	25.161
3	34	6.668
4	17	2.072
Total	135	36.443

Esses resultados estão representados no mapa a seguir (Figura 11).

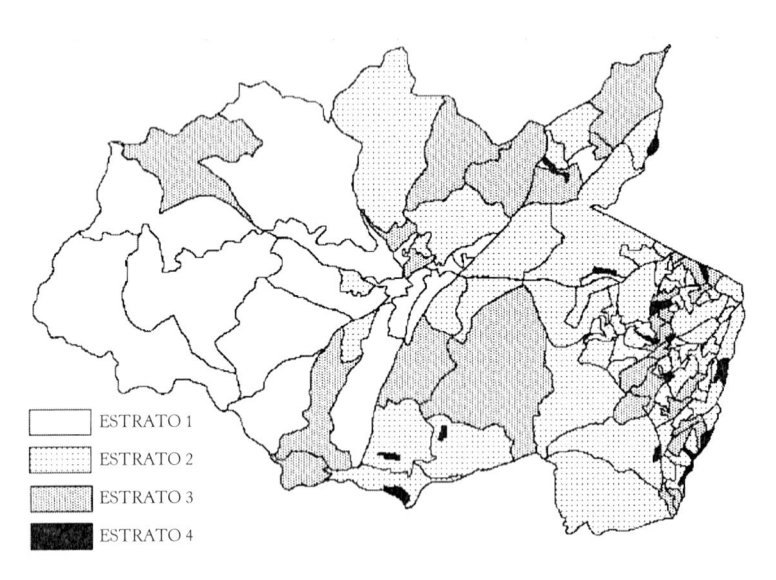

ESTRATO 1
ESTRATO 2
ESTRATO 3
ESTRATO 4

Figura 11 – Mapa da cidade do Embú – Estratificada.

As características de cada estrato estão representadas na Tabela 2:

Tabela 2 – Município de Embu – percentagens dos domicílios particulares permanentes segundo características ambientais, de escolaridade e de renda por estrato socioeconômico e para o total da amostra.

Características	Estrato 1	Estrato 2	Estrato 3	Estrato 4	Total 5
Tipo de Moradia					
Casa isolada	99,3	95,8	94,5	0,0	90,4
Apartamento	0,1	0,7	0,5	0,0	0,6
Cômodos	0,6	0,2	0,0	0,0	0,2
Favela	0,0	3,3	4,9	100,0	8,8
Instalações sanitárias					
Exclusivas	94,2	88,4	93,9	81,3	89,4
Coletivas	4,7	10,7	5,4	16,2	9,6
Inexistentes	1,1	0,9	0,7	2,5	1,0
Esgoto					
Rede geral	23,4	40,9	33,2	10,1	36,3
Fossa	75,4	55,6	63,8	47,9	58,2
Vala	1,2	3,5	3,0	42,0	5,4
Escolaridade (em anos)					
0	13,1	16,4	17,3	25,0	16,8
1 a 3	17,9	22,5	23,8	34,2	23,1
4 a 7	36,0	44,5	41,8	33,8	42,8
8 a 10	12,9	11,5	12,0	6,0	11,4
11 a 14	11,9	4,4	4,0	1,0	4,6
15 ou +	8,1	0,7	1,1	0,0	1,3
Renda em SM					
Sem renda	4,0	6,5	6,5	7,8	6,4
Até 1	4,9	6,2	7,4	15,4	6,9
2 a 5	54,1	66,9	70,1	70,5	66,8
6 a 10	20,2	16,7	13,1	6,0	15,7
11 ou +	16,8	3,7	3,0	0,4	4,3

De modo geral, pode-se resumir cada estrato da seguinte forma:

Estrato 1

Famílias menores, com 1 criança menor de 5 anos para cada 3 domicílios. Apresenta menor variabilidade entre as famílias. Menor densidade demográfica, melhores condições ambientais, de moradia, renda e escolaridade. Concentra a população de maior grau de escolaridade e maior renda.

Estratos 2 e 3

Pouco mais de 4 pessoas por família e 1 criança menor de 5 anos para cada 2 domicílios. Maior heterogeneidade interna, refletindo as condições ambientais predominantes no município. A maioria dos chefes de família tem apenas o primeiro grau de escolaridade e renda entre 4 e 7 salários mínimos.

Estrato 4

Quase 5 pessoas por família e 1,3 menores de 5 anos para cada 2 domicílios. Péssimas condições ambientais e de saneamento básico. Dos chefes de família, 79% têm até 3 anos de escolaridade e 23,2% têm renda igual até 1 salário mínimo.

A Tabela 3 seguinte mostra a composição da amostra.

Tabela 3 – Composição da amostra.

Amostra	Estrato 1	Estrato 2	Estrato 3	Estrato 4	Total
Famílias	190	227	230	294	941
Menores de 1 ano	81	140	117	149	487
Menores de 1 a 4 anos	153	123	144	197	617

A partir das amostras, foram realizadas análises estatísticas para diversas variáveis (v. Quadro 6), levando-se em conta os quatro estratos obtidos pela Análise de Agrupamentos:

Quadro 6 (Resumo) – Município do Embu – 1996 – Amostras de famílias – condições de moradia – Estimativas para o total e em cada estrato.

Indicadores	Estimativas	E1	E2	E3	E4	Total	QUI^2 P
N01 Localizadas em área residencial	% EP I. Conf.	93,74 3,6	72,47 11,71	61,38 13,31	11,76 5,03	65,77 7,7 50,6 - 81,0	363,28 0,000
N02 Rua asfaltada	% EP I. Conf.	67,77 14,50	54,72 9,61	68,1 7,28	31,99 8,2	55,53 6,89 42,0 - 69,0	90,87 0,000
N03 Rua com esgoto a céu aberto	% EP I. Conf.	31,34 17,57	45,46 10,94	35,38 11,20	77,21 10,13	46,03 7,79 30,8 - 61,3	134,91 0,000
N11 Esgoto a céu aberto	% EP I. Conf.	1,76 1,31	39,57 10,4	14,92 6,80	81,25 9,36	37,33 7,60 22,4 - 52,2	390,21 0,000

% – Percentagem de casos na categoria citada na primeira coluna do quadro.
EP – Erro Padrão (desvio padrão da % estimada).
I. Conf. – Intervalo de Confiança para a % de caso na população, (1-a) = 0,95.

Os resultados das variáveis sobre CONDIÇÃO DE VIDA, mostrados nos quadros *resumo* e *trabalho original*, mostram algumas disparidades entre os estratos, principalmente entre o estrato 1 e 4, quando se observa a variável "mãe casada". No primeiro estrato encontra-se maior quantidade de mães casadas, além de praticamente 30% com nível de escolaridade superior ao primeiro grau. No estrato 4, apenas 41,61% das mães são casadas e quase todas (92,71%) estudaram apenas até o primeiro grau.

Diversas variáveis relacionadas à assistência pré-natal, assistência péri-natal, perfil de morbidade, uso de serviço básico de saúde e cobertura vacinal, foram analisadas nos dois grupos de estudo, bem como nos quatro estratos, nos moldes do quadro *resumo*.

Conclusões

Os resultados alcançados respondem às perguntas centrais da investigação, demonstrando que a existência de grupos populacionais carentes do ponto de vista socioeconômico nem sempre pode significar grupos de risco ou demanda reprimida na perspectiva do sistema de atenção primária à saúde.

A população infantil do Embu se distribui por grupos socioeconômicos diferentes, mas o programa de saúde infantil não exclui os mais carentes, oferecendo a todos a mesma qualidade de assistência. Nesse sentido, vale ressaltar o contingente de crianças ainda não matriculadas nos serviços básicos de saúde em todos os estratos.

A predominância de doenças respiratórias não se restringe ao segmento mais carente da população, atingindo, de forma homogênea, os quatro domínios socioeconômicos do estudo. É preocupante a constatação de que essa exposição corresponde ao privilégio daquelas que escaparam às seqüelas das intercorrências neonatais.

O perfil de morbidade das crianças do Embu não difere de outros já apresentados para segmentos da população infantil brasileira. Entretanto, a análise da morbidade sob a perspectiva de risco coletivo levanta resultados aparentemente conflitantes com as tradicionais associações com fatores socioeconômicos, calculadas individualmente. A abordagem sob a perspectiva de grupos homogêneos ou estratos de condições de vida extrapola o conceito de "fator de risco individual", optando pela discriminação de grupos populacionais que deverão ser priorizados na elaboração das políticas públicas de saúde.

Diagnóstico diferencial para Lesões por Esforços Repetitivos (L.E.R.)

Este último trabalho apresenta a utilização da Análise de Agrupamentos em uma situação muito freqüente na área de Saúde Pública: a união de indivíduos em grupos homogêneos de forma que tais grupos possam refletir a destreza manual e sua posterior comparação quanto aos diagnósticos clínicos.

Atualmente, as L.E.R. constituem-se em importantes afecções musculotendinosas e sinoviais, que podem envolver articulações ou não, altamente incapacitantes.

Os membros superiores são os mais acometidos, porém essas moléstias podem ser detectadas em qualquer parte do corpo em que haja músculos, tendões, ligamentos e tecidos sinoviais.

Devido à particular incidência verificada em trabalhadores que utilizam o membro superior em atividades repetitivas, e ainda ao aumento do número de casos notado recentemente, as L.E.R. passaram a assumir posição de destaque para todos que lidam com a saúde do trabalhador. Por esses aspectos, essas afecções transformaram-se em uma questão de Saúde Pública de grande importância.

Nesse sentido, é fundamental a homogeneização da informação, dos critérios de investigação, dos procedimentos de cada profissional envolvido na prevenção, detecção e tratamento das tenossinovites, para poupar tempo, assegurar tratamento rapidamente, evitar deslocamentos desnecessários do paciente e, também, evitar desperdício de recursos financeiros, tanto do serviço público como das empresas, em exames e condutas evitáveis, e, ainda pior, inadequadas.

Um dos passos importantes nesse tipo de agravo à saúde é padronizar os procedimentos e homogeneizar a informação e a linguagem utilizadas, de maneira racional, sem perder a capacidade de absorver modificações decorrentes da evolução dos métodos de prevenção, diagnóstico e tratamento, que certamente ocorrerão com o tempo.

Outro fator a ser considerado é aquele relacionado aos aspectos psicológicos dos pacientes portadores de tenossinovites. As circunstâncias especiais que envolvem o tratamento das L.E.R. acabam por determinar quadros psicológicos graves, concorrendo para a piora do estado físico e emocional e dificultando a percepção do paciente quanto à evolução real.

O trabalho realizado por Silva Filho *et al.* tem por objetivo verificar se as características de psicomotricidade fornecem subsídios para um diagnóstico diferencial de portadores e não portadores de L.E.R. Para tanto, 60 indivíduos residentes no município de São Paulo foram submetidos a um conjunto de testes manuais intitulado MTB (Série Both de testes manuais) e, a seguir, ao diagnóstico clínico.

Utilizando a Série Both de testes manuais e Análise de Agrupamentos procurou-se reunir os indivíduos em grupos homogêneos, de forma que tais grupos pudessem refletir a destreza manual; posteriormente, foi realizada a comparação quanto aos diagnósticos clínicos.

Objetivos

Considerou-se como objeto, no presente trabalho, 60 indivíduos de ambos os sexos, entre 19 e 44 anos.

Variáveis de agrupamento

As variáveis utilizadas para o agrupamento dos indivíduos foram extraídas da Série Both de testes manuais, que verifica habilidades e aptidões características de determinados grupos profissionais para trabalhos que envolvam destreza, coordenação motora fina, coordenação viso-motora, percepção, movimentos dos braços, mãos e dedos (v. Quadro 7). A mensuração das variáveis é computada através do número de acertos nos testes (rapidez):

Quadro 7 – Variáveis para agrupamento.

Tracejar
Dar batidas
Pontilhar
Marcar
Tecer
Destecer
Parafusar
Coordenação Motora Fina CMF (dividida em três testes)

Observação: exclui-se o teste "Escrita".

Variável resposta

Considerou-se como variável resposta (v. Quadro 8), o diagnóstico clínico codificado da seguinte maneira:

Quadro 8 – Variáveis respostas.

0	indivíduo sem comprometimento
1	indivíduo com pequeno comprometimento
2	medianamente comprometido
3	comprometido
4	extremamente comprometido

Tal diagnóstico consistiu em várias análises como, por exemplo, a perda da sensibilidade nos membros superiores.

Análise estatística

Para reunir os objetos em grupos homogêneos foram utilizadas duas técnicas hierárquicas aglomerativas (*Complete Linkage*, v. Figura 12, e método de *Ward*, Figura 13 – ambas usando distância euclidiana) para obtenção do número de grupos. Após tal procedimento utilizou-se o método *k-means* para confirmação da estrutura obtida nas técnicas aglomerativas.

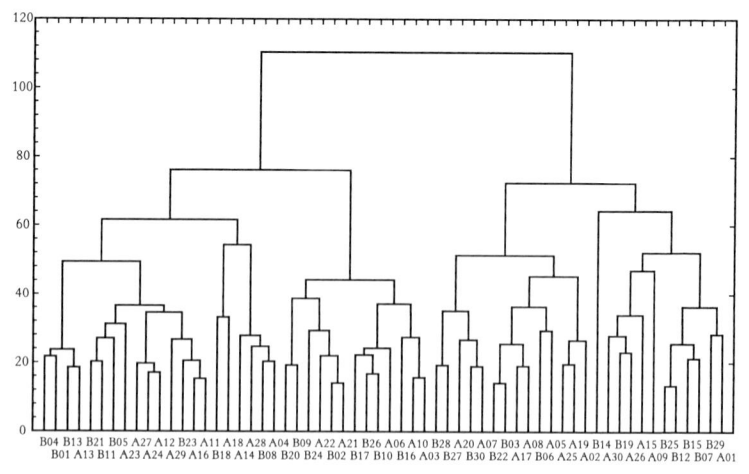

Figura 12 – Dendograma.

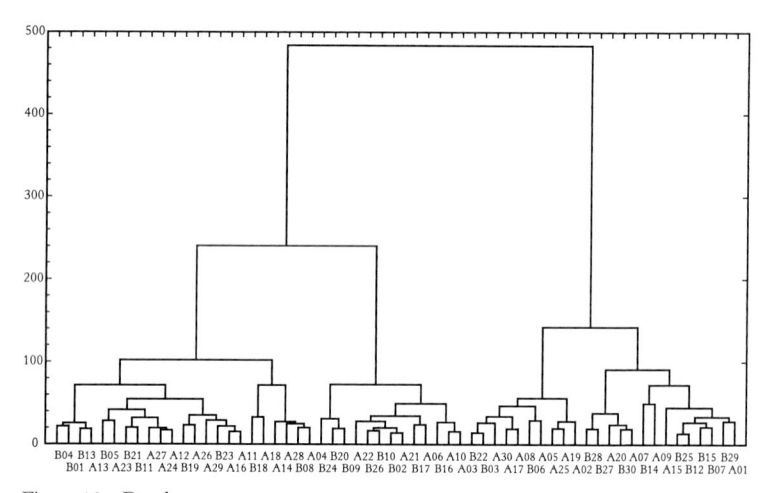

Figura 13 – Dendograma.

Após a utilização das técnicas hierárquicas apontadas anteriormente, pôde-se constatar que a estrutura mais natural indicava dois grandes grupos; sendo assim, para criar um critério quanto ao empate dos objetos a serem distribuídos nos grupos (o que ocorreu com apenas 3 dos 60 objetos), utilizou-se a metodologia não hierárquica *k-means*, com K = 2 grupos. Desta forma o chamado Grupo 1 foi constituído por 25 sujeitos e o Grupo 2 por 35 sujeitos.

A análise dos dois grupos quanto à Série Both de testes manuais indicou que o Grupo 1 tinha uma pontuação maior em relação ao Grupo 2. Isso foi verificado para todos os testes, exceto os testes "tecer" e "destecer". Esse resultado demonstra que o Grupo 1 teria maior "rapidez" na realização das tarefas.

Em função deste resultado, procurando-se verificar a possibilidade do vínculo entre personalidade, psicomotricidade e distúrbios, analisaram-se os diagnósticos clínicos dos dois grupos. A Tabela 4 compara os diagnósticos dos grupos:

Tabela 4 – Freqüência e percentagem em cada diagnóstico.

Diagnóstico	Grupo 1 fi	Grupo 2 fi
0	08	10
1	11	16
2	01	03
3	01	04
4	04	02
Total	25	35

Quando se examina a Tabela 4, verifica-se que, no Grupo 1, o diagnóstico 4 apresenta uma freqüência maior em relação ao Grupo 2. Entretanto, o diagnóstico 3, que indica comprometimento, surge com freqüência maior no Grupo 2.

Considerando-se os aspectos psicomotores, não existem diferenças entre os dois grupos no que diz respeito aos diagnósticos 3 e 4 (os mais comprometidos), sugerindo que a rapidez não seja um fator que possa diferençar os sujeitos analisados. Está claro que este trabalho apresenta um número de sujeitos reduzido, mas que pode apresentar diretrizes para novas pesquisas.

É importante salientar que existem condições psicológicas que induzem a atividades que facilitam o aparecimento de Lesões por Esforços Repetitivos.

Apêndice

No quadro seguinte, estão apresentados todos os coeficientes, para variáveis de escala intervalar, usados no *software* SPSS, exceto a distância euclidiana, Coeficiente de Correlação de Pearson e City Block (denominada no *software* por *Block*).

NOME	FÓRMULA
MINKOWSKI	$d_{ij} = \left[\sum_{f=1}^{p} \left\| x_{if} - x_{jf} \right\|^{K} \right]^{1/K}$
COSINE	$d_{ij} = \dfrac{\sum_{f=1}^{p} x_{if} . x_{jf}}{\left(\sum_{f=1}^{p} x^{2}_{if} \right)^{1/2} . \left(\sum_{f=1}^{p} x^{2}_{jf} \right)^{1/2}}$
CUSTOMIZED	$d_{ij} = \left[\sum_{f=1}^{p} \left\| x_{if} - x_{jf} \right\|^{P} \right]^{1/R}$
CHEBYCHEV	$d_{ij} = \max_{f=1}^{p} \left\| x_{if} - x_{jf} \right\|$

No quadro seguinte, estão apresentados todos os coeficientes para variáveis de escala nominal, usados no *software* SPSS. Todos trabalham com o conceito de dissimilaridade.

COEFICIENTE	FÓRMULA	INTERVALO	
SIZE	$\dfrac{(b-c)^2}{(a+b+c+d)^2}$	mínimo	0
		máximo	não tem
PATTER	$\dfrac{b.c}{(a+b+c+d)^2}$	mínimo	0
		máximo	1
VARIANCE	$\dfrac{b+c}{4(a+b+c+d)}$	mínimo	0
		máximo	não tem
EUCLIDIANA	$(b+c)^2$	mínimo	0
		máximo	não tem
EUCLIDIANA AO QUADRADO	$b+c$	mínimo	0
		máximo	não tem
LANCE-WILLIAMS	$\dfrac{(b+c)}{(2a+b+c)}$	mínimo	0
		máximo	1
SHAPE	$\dfrac{\left((a+b+c+d)(b+c)-(b+c)^2\right)}{(a+b+c+d)^2}$	mínimo	não tem
		máximo	não tem

BIBLIOGRAFIA

ALDENDERFER, M. S., BLASHFIELD, R. K. *Cluster Analysis*. Beverly Hills: Sage Publications, 1984.

ANDREASEN, N. C., GROVE, W. M., MAURER, R. "Cluster 'analysis and the classification of depression". *Brit. J. Psychiatry* nº 137, pp. 256-265, 1980.

BONYNGE, E. R. "A cluster analysis of basic personality inventory *(BPI) adolescent profiles*". *Journal of Clinical Psychology* nº 50(2), pp. 265-272, 1994.

BUSSAB, W. O., MIAZAKI, E. S., ANDRADE, D. F. *Introdução à análise de agrupamentos*. 9º Simpósio Brasileiro de Probabilidade e Estatística, 1990.

CARAYON, P. "Stressful jobs and non-stressful jobs: a cluster analysis *of office jobs*". *Ergonomics* nº 37(2), pp. 311-322, 1984.

CAVALLI-SFORZA, L. L., EDWARDS, A. W. F. "A method for cluster analysis". *Biometrics* nº 21(2), pp. 362-375, 1965.

CHATFIELD, C. *Introduction to multivariate analysis*. London: Chapman and Hall, 1980.

COLGAN, P. W. *Quantitative Ethology*. New York: John Wiley & Sons, 1978.

CURI, P. R. "Resultados comparativos de alguns métodos de análise multivariada aplicados a um conjunto de dados". *Revista Mat. Estat.* nº 1, pp. 55-67, 1983.

CURI, P. R. "Agrupamento de países segundo indicadores básicos e econômicos". *Revista Brasileira de Estudos de População* nº 8(1/2), pp. 112-124, 1991.

D'ANDREA, L. M., FISHER, G. L., HARRISON, T. C. "Cluster Analysis of Adult Children of Alcoholics". *The International Journal of the Addictions* nº 29(5), pp. 565-582, 1984.

DILON, W.R. *Multivariate analysis: Methods and applications.* New York: Hill, 1984.

DUNN, G., EVERITT, B. S. *An introduction to mathematical taxonomy.* Cambridge: Cambridge University Press, 1982.

EAVES, L. C., HO, H. H., EAVES, D. M. "Subtypes of autism by cluster analysis". *Journal of Autism and Developmental Disorders* nº 24(1), pp. 3-22, 1994.

FREI, F., PRADO, B. B. A. *Mortalidade devido a causas violentas no estado de São Paulo.* 1994. Mimeografado.

FRIEDMAN, H. P., RUBIN, J. "On some inavariant criteria for grouping data". *America Statistical Association Journal* nº 30, pp. 1159-1178, 1967.

GODEHARDT, E. *Graphs as structural models: The application of graphs and multigraphs in cluster analysis.* Braunschweig: Vieweg, 1990.

HARTIGAN, J. A. *Clustering Algorithms.* New York: John Wiley & Sons, 1975.

JACOVKIS, P. M., MARONNA, R. "Multivariate clustering procedures with variable metrics". *Biometrics* nº 30(3), pp. 499-505, 1974.

JAMBU, M., LEBREAUS, M. O. *Cluster analysis and data analysis.* Amsterdam: North-Holland, 1983.

JOHNSON, R. A., WICHERN, D. W. *Applied multivariate statistical analysis.* Engle-wood Cliffs: Prentice-Hall, 1982.

KAUFMAN, L., ROUSSEEUW, P. J. *Finding groups in data: An introduction to cluster analysis.* New York: John Wiley & Sons, 1990.

KRZANOWSKI, W. J. *Principles of multivariate analysis: a user's perspective.* Oxford: Claredon Press, 1988.

MANZATO, A. J. *Análise hierárquica de agrupamentos para distribuições multinomiais.* São Paulo, 1983. Dissertação (Mestrado em Estatística) – Instituto de Matemática e Estatística de São Paulo, Universidade de São Paulo, São Paulo.

MARRIOTT, F. H. C. "Pratical problems in a method of cluster analysis". *Biometrics* nº 27(3), pp. 501-514, 1971.

MAYER, J., TAYLOR, M., THRUSH, F. "Exploratory cluster analysis of behavioral risks for chronic disease and injury: implications for tailoring health promotion services". *Journal Community Health* nº 15(6), pp. 377-89, 1990.

MILLIGAN, G. W. "A examination of the effect of six types of error pertubation of fifteen clustering algorithms". *Psychometrika* nº 45(3), pp. 325-342, 1980.

MILLIGAN, G. W., COOPER, M. C. "A examination of procedures for determining the number of clusters in data set". *Psichometrika* nº 50(2), pp. 159-179, 1985.

PARADISO, S., HERMANN, B. P., SOMES, G. "Patterns of academic competence in adults with epilepsy: a cluster analytic study". *Epilepsy Research* nº 19, pp. 253-261, 1994.

PAYKEL, E. S. "Classification of depressed patients: a cluster analysis derived grouping". *Brit. J. Psychiat* nº 118, pp. 275-288, 1971.

PINTO, F. G., CURI, P. R. "Mortalidade por neoplasias no Brasil (1980/1983/1985): agrupamento dos estados, comportamento e tendências". *Revista Saúde Pública* nº 25(4), pp. 276-281, 1991.

ROMESBURG, H.C. *Cluster analysis for researchers*. Belmont: LLP, 1984.

SEBER, G. A. F. *Multivariate observations*. New York: John Wiley & Sons, 1984.

SILVA, N. N. "Saúde infantil: condições de vida e utilização de serviços de saúde em área da região metropolitana de São Paulo", 1996. *Revista Brasileira de Saúde Materno Infantil*. v. 2, nº 2 Recife, mai./ago. 2002.

SNEATH, P. H. A., SOKAL, R. R. *Numerical taxonomy*. San Francisco: W. H. Freeman and Company, 1973.

SPSS User's Guide. New York: McGraw-Hill Book Company, 1992.

STODDARD, A. M. "Standardization of measures prior to cluster analysis". *Biometrics* nº 35(4), pp. 765-773, 1979.

STRUFALDI, M. W. L., PUCCINI, R. F., PEDROSO, G. C. *et al.* "Prevalência de desnutrição em crianças residentes no município de Embu, São Paulo, Brasil, 1996-1997". *Caderno de Saúde Pública*, v. 19, nº 2, pp. 421-428, 2003.

TRYON, R., BAILEY, D. E. *Cluster analysis*. New York: Mcgraw-Hill, 1970.

SOBRE O LIVRO

Formato: 14 x 21 cm
Mancha: 23,7 x 42,5 paicas
Tipologia: Horley Old Style 10,5/14
Papel: Off-set 75 g/m² (miolo)
Cartão Supremo 250 g/m² (capa)

Impressão e acabamento